用于国家职业技能鉴定
国家职业资格培训教程

助听器验配师

(国家职业资格二级)

编审委员会

主　任　刘　康
副主任　张亚男
委　员　刘金峰　胡向阳　梁　涛　倪道凤　高成华
　　　　卜行宽　孙喜斌　陈振声　王树峰　张建一
　　　　张　华　翟所强　郄　昕　龙　墨　韩　睿
　　　　刘　莎　曹永茂　唐惠德　陈　蕾　张　伟

编审人员

主　编　陈振声　张建一
副主编　孙喜斌　王树峰　刘　莎　韩　睿
编　者（按姓氏笔画排序）
　　　　王树峰　龙　墨　冯定香　刘　莎　刘巧云
　　　　孙喜斌　宋　戎　张建一　陈振声　段吉茸
　　　　郭占东　陶　征　曹永茂　韩　睿
主　审　倪道凤　高成华

中国劳动社会保障出版社

图书在版编目(CIP)数据

助听器验配师：国家职业资格二级/中国就业培训技术指导中心组织编写. —北京：中国劳动社会保障出版社，2011

国家职业资格培训教程

ISBN 978-7-5045-8973-6

Ⅰ.①助… Ⅱ.①中… Ⅲ.①助听器-技术培训-教材 Ⅳ.①TH789

中国版本图书馆 CIP 数据核字(2011)第 074743 号

中国劳动社会保障出版社出版发行

(北京市惠新东街1号 邮政编码：100029)

出 版 人：张梦欣

*

北京市艺辉印刷有限公司印刷装订 新华书店经销

787 毫米×1092 毫米 16 开本 11.75 印张 202 千字

2011 年 5 月第 1 版 2011 年 5 月第 1 次印刷

定价：25.00 元

读者服务部电话：010-64929211/64921644/84643933

发行部电话：010-64961894

出版社网址：http://www.class.com.cn

版权专有 侵权必究

举报电话：010-64954652

如有印装差错，请与本社联系调换：010-80497374

前　言

为推动助听器验配师职业培训和职业技能鉴定工作的开展,在助听器验配师从业人员中推行国家职业资格证书制度,中国就业培训技术指导中心在完成《国家职业标准·助听器验配师》(试行)(以下简称《标准》)制定工作的基础上,组织参加《标准》编写和审订的专家及其他有关专家,编写了助听器验配师国家职业资格培训系列教程。

助听器验配师国家职业资格培训系列教程紧贴《标准》要求,内容上体现"以职业活动为导向、以职业能力为核心"的指导思想,突出职业资格培训特色;结构上针对助听器验配师职业活动领域,按照职业功能模块分级别编写。

助听器验配师国家职业资格培训系列教程共包括《助听器验配师(基础知识)》《助听器验配师(国家职业资格四级)》《助听器验配师(国家职业资格三级)》《助听器验配师(国家职业资格二级)》4本。《助听器验配师(基础知识)》内容涵盖《标准》的"基本要求",是各级别助听器验配师均需掌握的基础知识;其他各级别教程的章对应于《标准》的"职业功能",节对应于《标准》的"工作内容",节中阐述的内容对应于《标准》的"能力要求"和"相关知识"。

本书是助听器验配师国家职业资格培训系列教程中的一本,适用于二级助听器验配师的职业资格培训,是国家职业技能鉴定推荐辅导用书,也是二级助听器验配师职业技能鉴定国家题库命题的直接依据。

本书列入"十一五"国家科技支撑计划《聋儿认知规律与康复技术规范化的研究(课题任务书编号 2008BAI50B01)》,在编写过程中得到中国聋儿康复研究中心、中国听力医学发展基金会、首都医科大学附属北京同仁医院、北京协和医院、中国人民解放军总医院等单位的大力支持与协助,在此一并表示衷心的感谢。

中国就业培训技术指导中心

目 录

CONTENTS 国家职业资格培训教程

第 1 章　听力检测 ……………………………………………………（ 1 ）
　第 1 节　听性脑干反应 ………………………………………………（ 1 ）
　第 2 节　诱发耳声发射 ………………………………………………（21）
　第 3 节　其他听觉诱发反应测试 ……………………………………（38）

第 2 章　助听器调试 …………………………………………………（53）
　第 1 节　助听器性能测试 ……………………………………………（53）
　第 2 节　助听器降噪功能调试 ………………………………………（72）

第 3 章　效果评估 ……………………………………………………（88）
　第 1 节　背景声中的选择性听取 ……………………………………（88）
　第 2 节　语音识别 ……………………………………………………（104）

第 4 章　培训指导 ……………………………………………………（118）
　第 1 节　培训计划编制 ………………………………………………（118）
　第 2 节　实习指导 ……………………………………………………（129）

附录 1　儿童语音均衡式词表——韵母部分（孙喜斌词表）……………（156）
附录 2　儿童语音均衡式词表——声母部分（孙喜斌词表）……………（158）
附录 3　儿童音位对比式词表——韵母部分（孙喜斌—刘巧云词表）…（160）
附录 4　儿童音位对比式词表——声母部分（孙喜斌—刘巧云词表）…（168）

附录5　单音节词测试记录表（1） …… (175)

附录6　单音节词测试记录表（2） …… (176)

参考文献 …… (177)

第1章 听力检测

第1节 听性脑干反应

 学习目标

➢ 掌握听性脑干反应的基本概念、原理与相关参数
➢ 能进行皮肤脱脂和电极放置
➢ 能记录并确定脑干电位各波阈值和潜伏期并进行分析

 知识要求

一、概述

1. 听性脑干反应的概念

听性脑干反应（auditory brainstem response，ABR）由 Jewett 在 1971 年首先提出，他指出，当用短声刺激受试者后，从受试者头皮记录到的一组潜伏期在 10 ms 以内的反应波，可能来源于脑干。目前认为，听性脑干反应是由短持续音诱发、潜伏期在 20 ms 以内，最多由 7 个反应波构成的一组诱发电位；这些反应波主要产生于脑干与听觉有关的听神经核团，被命名为听性脑干反应。在中等强度的短声刺激下，得到的这组反应波总共有 7 个，按照出现的先后顺序，采用罗马数字命名为波Ⅰ～波Ⅶ（见图 1—1）。

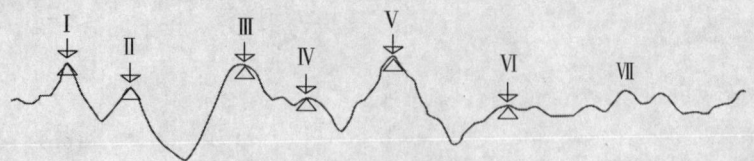

图 1—1　ABR 的 7 个反应波

2. 反应波的发生源

波Ⅰ：出现率高，是分析 ABR 的主要参数波，来源于听神经。

波Ⅱ：出现率低，来自于听神经颅内段及耳蜗核。

波Ⅲ：出现率高，是分析 ABR 的主要参数波，来源于上橄榄核。但也有资料表明，耳蜗核及斜方体也与波Ⅲ有关。

波Ⅳ：出现率低，经常与波Ⅴ融合，来源于外侧丘系及其核团（脑桥中上段）。

波Ⅴ：最稳定，也是波幅最高的波，来源于下丘及外侧丘系上方。

波Ⅵ和波Ⅶ：在正常人中出现率很低，临床中较少见，它们分别来自于内膝体和听放线。

总的来说，ABR 出现的所有反应波的波幅较低，为 0.01～1 μV。

二、测试相关参数

1. 测试常用的刺激声

常用的刺激声为短声（click），另外还有短纯音（tone burst）或短音（tone-pip）等。由于短声 ABR 应用最广泛，研究最透彻，所以，本节中所有内容除非特别指出，均为短声 ABR 的测试结果。

（1）短声的特点

短声由方波电脉冲冲击耳机或扬声器的振动膜片产生（见图 1—2）。

图 1—2　短声的波形及频谱

a）短声的波形　b）短声的频谱（坐标横轴代表频率由低到高）

短声具有以下特点：

1) 持续时间短暂。短声的持续时间一般为 0.1 ms，所以，它是引起听神经同步兴奋的最佳刺激信号。

2) 频率特性差。短声的频谱非常宽，从 125 Hz～8 kHz 都有能量分布。实际频谱与耳机、扬声器、受试者外耳和中耳特性都有关。

3) 有极性。当耳机膜片初始振动的方向朝向鼓膜时，产生的短声为密波短声；离开鼓膜时为疏波短声。当疏密波交替出现时为交替短声。

(2) 短声的计量

长纯音信号的强度是听力测试的标准分贝（dB HL），但短的刺激声却没有这样的标准，因为它的持续时间太短，无法用声级计进行校准。将耳机、耦合腔、麦克风、声级计和示波器连接在一起，通过耳机给出短声信号并在示波器上测出其波峰—波峰（或基线—波峰）电压；再由耳机发出纯音信号，调节纯音的声强，使其波峰—波峰（或基线—波峰）电压值与短声相同，此时用声级计测得纯音声压级的数值即是短声的波峰—波峰（或基线—波峰）的峰等效声压级（pe SPL）。短声的另一声强标准是正常听力级（nHL）。像纯音测试一样选择一组正常听力的年轻人，用短声刺激得到他们的行为听阈并求均，即得到一组正常人的短声听阈，并将此时的短声 dB 数值定为零。所以，0 dB nHL 意味着一组正常听力者刚刚听到的短声强度。《听力计 第三部分：用于测听与神经耳科的短持续听觉测试信号》(GB/T 7341.3—1998) 对此有具体规定。

此外，还有感觉级（SL），是针对某一受试者的实际听阈而定，如某人的短声听阈是 40 dB peSPL，这是他刚刚能听到的声音，所以其感觉级为 0 dB SL。

2. 与测试有关的软硬件设置

(1) 电极

目前多用三导或四导连接。用四导连接时，记录电极放置在颅顶，两侧乳突或耳垂作为参考电极，鼻根部为接地电极（四导联）；用三导连接时，记录电极不变，测试耳乳突为参考电极，对侧耳乳突为接地电极。

(2) 放大器

由于 ABR 各反应波的幅值都非常低，为微伏级，所以，必须将反应信号放大才便于观察分析，一般放大 10 万倍即可。

(3) 滤波器

滤波设置可直接影响 ABR 的测试结果。对于成人，当刺激强度较高时，ABR 反应波的频谱主要在 500～1 000 Hz，当刺激强度接近反应阈值时，频谱集中在 250 Hz 左右。ABR 的反应波频谱随着刺激声频率的降低及年龄降低而降低。所以，对于儿童，将滤波的高通降低，可以增加反应波振幅，提高信噪比。但降低高通会使低频噪声干扰增强，因此，临床上除非有特殊的设置，一般采用高通的截止频率为 100 Hz，低于 100 Hz 时肌电干扰明显；高于 100 Hz，反应的慢成分会失真。低通的截止频率一般为 1 500～3 000 Hz，超过 3 000 Hz，高频噪声明显。一般商用测试仪都是这样设定的。但有研究显示，降低滤波器的高通截止频率，如将 100 Hz 降至 30 Hz，可以增加低强度刺激时的反应波幅度，在婴幼儿中效果更明显。但此时应注意避免电源频率的干扰。

(4) 伪迹剔除

伪迹包括外源性伪迹和内源性伪迹，如外来电磁干扰，为外源性伪迹；心电、肌电干扰等为内源性伪迹。这些干扰电波的强度较高，所以，一般把超过 25 μV 的电波设定为伪迹干扰波，仪器自动予以剔除。

(5) 叠加和平均技术

由于一次刺激引出的反应波幅值都很低，不容易被观察和分析，所以，在实际应用中，都是采用多次刺激然后求平均的技术。因为每次刺激都会引出一次和刺激声有锁时关系的反应波，即反应波都是在刺激后一相对固定的时间出现，其极性变化都是有规律的；而背景脑电活动的电波是杂乱的，极性变化是无规律的。当多次刺激后，把每次刺激所记录到的电波进行叠加，这些有规律的诱发电波相加，其规律性的极性使得电波越发清晰；而无规律的脑电波相加时，各个电波之间由于极性的不规律导致互相抵消；通过多次叠加就会使反应波清晰可见，平均后就得到了一次刺激的结果（见图 1—3）。

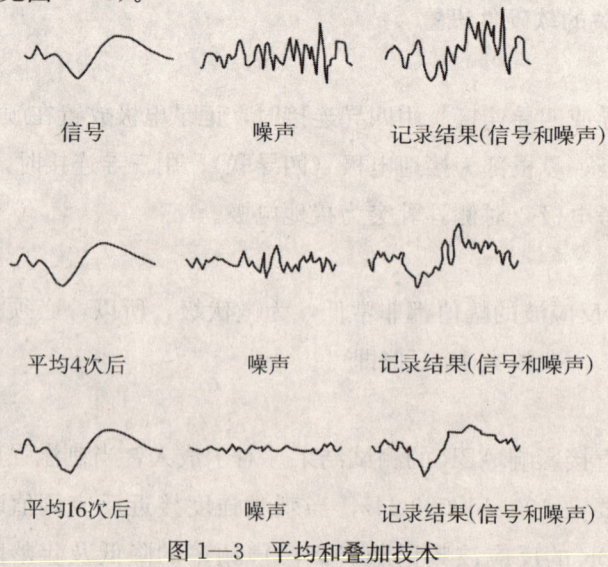

图 1—3 平均和叠加技术

(6) 刺激次数和重复率选定

叠加技术需要多次刺激，刺激重复率越慢，反应波越清晰，但测试时间越长；加快重复率会使反应波振幅变小，潜伏期和峰潜伏期都延长。临床多用 10~20 次/s 的刺激率，这种刺激率可以保证得到清晰无失真的反应波。

ABR 信噪声比与刺激次数的平方根成正比。900 次的刺激使信噪比改善 30 倍，2 500 次的刺激使信噪比改善 50 倍。也就是说，当刺激次数增加近 3 倍时，信噪比改善不到一倍。所以，过多地增加刺激次数并无必要，刺激次数达 500~1 000 次的时候，信噪比改善最为明显。因此，一般采用测试强度刺激次数为 1 024 或 2 048 次（避免是 50 Hz 的倍数，以减少电源干扰），就可以得到理想的波形。对不同的个体，有时需要增加刺激次数才能得到理想的结果。

(7) 分析时间

高强度刺激时，成人的所有反应波都在 10 ms 以内出现，随着刺激强度降低，反应波的潜伏期延长，尤其是婴幼儿，波Ⅴ后的负波明显延长，而这个延长的负波在反应较低时可能是唯一的信息，因此分析时间应适当延长。

(8) 测试环境

测试房间要尽量安静，有条件的要在隔声测听室内进行，必要时设置屏蔽室。有研究显示，在耳机下噪声达 36~46 dB SPL 时，可以影响波Ⅴ的潜伏期，由于耳机本身可以对环境噪声产生 30 dB SPL 的衰减，所以，环境噪声只要不超过 76 dB SPL，就不会对测试结果产生明显影响。因此，测试时应远离有电磁干扰的环境，测试仪应连接专用地线，测试室内要关闭手机。

三、听性脑干反应的结果分析

1. 反应波的辨认

ABR 各反应波的辨认应从以下几个方面入手。

(1) 潜伏期测量

潜伏期指从开始给出刺激声到出现反应波所需的时间，由于反应波的峰点比起始点清晰，所以，一般多测量反应波的峰潜伏期，即测量刺激开始到反应波的峰顶点的时间。如果反应波的波峰较宽、峰顶点不很明显，可以取其波峰的中点作为测量点。各个反应波的波峰顶点之间的时间间隔称为峰间期。

(2) 波幅的测量

最常用的波峰幅度测量，是测量波峰到基线（幅度为零）的垂直距离。目前临床应用的测试仪均有计算机自动提供基线标准。还有一种是峰—峰幅度，即测量两个连续的极性相反波的峰—峰之间的垂直距离。

就 ABR 来说,在一定强度刺激下,正常人短声诱发的各反应波的潜伏期有一个相对稳定的范围。例如,波Ⅰ在 2 ms 之内,波Ⅲ在 4 ms 之内,波Ⅴ多在 6 ms 之内。如果这些反应波的潜伏期明显延长,或某些反应波之间的波间期明显延长,则有可能是异常 ABR 结果。反应波的波幅对 ABR 结果分析有重要意义,但即使是正常人,不同个体之间的波幅,容易受噪声水平和肌电伪迹的影响,变化较大,一般不作为测试指标。

(3) 各反应波的辨认

在 ABR 测试结果中,波Ⅴ对估计听阈最重要,波Ⅰ、波Ⅲ、波Ⅴ对神经耳科最重要。分析辨认每个反应波,主要根据反应波出现的潜伏期及波幅。

对于正常听力,刺激强度在 70~80 dB nHL 时,上述三个反应波的出现率基本是 100%;另外几个反应波的出现率,不同学者结论不一。由于反应波的潜伏期相对稳定,所以,分析 ABR 结果时常常以反应波的潜伏期作为测量指标。虽说不同个体的波幅差异较大,但就同一个体来讲,了解不同反应波的波幅高低有利于辨认反应波。如通常波Ⅴ波幅最高,波Ⅲ次之。ABR 波形有一定的个体差异,主要表现为部分人群的波Ⅲ、波Ⅴ为双峰型,或者是两波融合(如波Ⅳ和波Ⅴ),如图 1—4 所示。也有部分波Ⅳ的波幅大于波Ⅴ的波幅。各种反应波的辨认,需要一定的经验积累,因此,ABR 测试是客观测试过程,主观判定结果。

图 1—4　波Ⅲ为双峰型波Ⅳ、波Ⅴ融合的 ABR 结果

在逐渐降低刺激强度时,反应波的波幅逐渐降低,潜伏期也延长,并渐渐消失;波Ⅴ是最后消失的波。在听力学中,ABR 检测以波Ⅴ最后出现的强度定为 ABR 的反应阈值。当给予阈上 70 dB nHL 强度刺激,波Ⅴ出现在刺激后 5.5 ms 左右,它常是最高的一个峰(但在儿童的测试中,经常出现波Ⅲ更大的情形),从峰值向下有一个明显的负波。接近反应阈值时,波Ⅴ的形状不典型,多表现为低波幅的负波,此时潜伏期明显延长,但延长至多少并没有限定。因此,在阈值处要做重复刺激,能够重复的是波Ⅴ。

在不同的测试仪器、环境和测试人群中,各个反应波的潜伏期存在一定的波动范围。临床工作中，每个测听室都应该建立所用测试仪测试正常人的波潜伏期、波间期等测量指标。除此之外，还应了解研究人员在不同实验室测量指标的正常值。不同研究人员报告的测试结果见表1—1、表1—2和表1—3。

表1—1　　国内不同研究人员报告ABR的波Ⅰ～波Ⅶ的潜伏期

报告者	声级	波Ⅰ	波Ⅱ	波Ⅲ	波Ⅳ	波Ⅴ	波Ⅵ	波Ⅶ	备注
胡崶等	70 dB (SL)	1.69±0.17	2.82±0.17	3.94±0.19	5.13±0.20	5.80±0.22	7.44±0.28	8.56±0.34	由耳机发出刺激短声
戚以胜	80 dB (HL)	1.91±0.27	3.07±0.36	4.16±0.30	5.35±0.45	6.25±0.45	7.32±0.38	8.57±0.50	
李兴启	75 dB (SL)	1.63±0.14	2.84±0.17	3.91±0.17	5.01±0.15	5.74±0.20	7.34±0.27	8.93±0.49	
赵纪余	第一组 75 dB (SL)	1.74±0.10	2.75±0.16	3.82±0.16	5.0±0.15	5.64±0.21	7.16±0.26	8.75±0.59	由扬声器发出刺激短声
江　敏	75 dB (SL)	1.33±0.17	2.53±0.22	3.65±0.25	4.90±0.25	5.58±0.26	…	…	
陈玉琰	80 dB (SL)	1.3 (1.0～1.70)	…	…	…	5.5 5.3～5.7	…	…	
魏保龄	80 dB (SL)	1.5±0.1	2.6±0.1	3.8±0.3	5.0±0.3	5.7±0.3	7.1±0.4	8.8±0.4	
徐丽蓉	80 dB (SL)	1.76±0.18	2.75±0.24	3.84±0.27	5.09±0.34	5.77±0.28	…	…	

表1—2　　国外不同研究人员报告ABR的波Ⅰ～波Ⅶ的潜伏期

报告者	短声强度（dB）	波Ⅰ	波Ⅱ	波Ⅲ	波Ⅳ	波Ⅴ	波Ⅵ	波Ⅶ
Jewett等	65～75 (SL)	1.5	2.6	3.5	4.3	5.1	6.5	…
Starr	75 (SL)	1.4	2.6	3.7	4.6	5.4	6.9	8.7
Picton	60 (SL)	1.5	2.5	3.4	5.0	5.8	7.4	…
加我等	85 (SL)	1.93	3.37	3.60	4.89	5.42	6.89	8.48
大西	70 (SL)	1.55	2.59	3.67	4.80	5.48	6.81	8.40
堀内	80 (SL)	1.5	2.8	3.6	5.5	6.2	7.0	…
市川	…	2	3	4.1	5.0	6.5	7.2	8.3

表 1—3　　　　　　　　国内不同研究人员报告 ABR 各波间期

报告者	声级（dB）	Ⅰ～Ⅲ（ms）	Ⅲ～Ⅴ（ms）	Ⅰ～Ⅴ（ms）
胡 岢等	90～10（SL）	2.25±0.17	1.86±0.15	4.11±0.21
		(2.42～2.08)	(2.01～1.71)	(4.32～3.90)
戚以胜等	100～30（HL）	2.41～2.01	2.11～1.62	(4.41～3.88)
		2.28±0.15	1.83±0.19	4.11±0.17
李兴启等	75～10（SL）	(2.68～1.92)	(2.12～1.40)	(4.38～3.62)
		…	…	
	75～35（SL）		3.89±0.21（4.10～3.68）至 3.70±0.27（3.97～3.43）	
江 敏等	75（SL）	2.33±0.23	1.92±0.24	4.24±0.27
		(2.56～2.09)	(2.16～1.68)	(4.51～3.98)
徐丽蓉等	80（SL）	2.09±0.03	1.92±0.04	4.00±0.08
		(2.12～2.06)	(1.96～1.88)	(4.08～3.92)

中国聋儿康复研究中心测试的一组正常听力幼儿的 ABR 结果见表 1—4。

表 1—4　正常听力幼儿 ABR 各反应波潜伏期及范围（给声强度 70～80 dB nHL）

潜伏期（ms）	波Ⅰ	波Ⅲ	波Ⅴ
平均（左耳）	1.91±0.24	4.66±0.27	6.82±0.43
范围	1.32～2.64	4.14～5.10	5.64～7.62
平均（右耳）	1.99±0.33	4.68±0.40	6.75±0.47
范围	1.38～3.12	3.30～5.94	5.61～7.80

从正常听力儿童不同刺激强度 ABR 各反应波（见图 1—5）可以看出，当给予 90 dB nHL 强度刺激时，波Ⅰ～波Ⅵ均可清晰记录到。随着刺激强度降低，波Ⅱ、波Ⅳ、波Ⅵ、波Ⅰ、波Ⅲ依次逐渐消失，当刺激强度在 30 dB nHL 时，只有波Ⅴ还存在。同一个反应波的潜伏期随刺激强度降低而逐渐延长。

2. 如何判定测试结果

（1）反应波潜伏期及波间期延长

反应波的潜伏期与神经传导速度、神经元活动的同步性及传导路径的长短有关。

凡是引起听觉传导通路神经纤维变性、压迫的因素都可导致神经冲动的传导速度降低。当潜伏期延长时，就应该分析是否有影响传导速度和路径的原因存在。由于潜伏期主要反映有髓神经纤维的传导功能，所以，当潜伏期延长时，说明可能有神经纤维脱髓鞘病变发生，或者是纤维间的突触传递障碍。当传导路径上有占位性

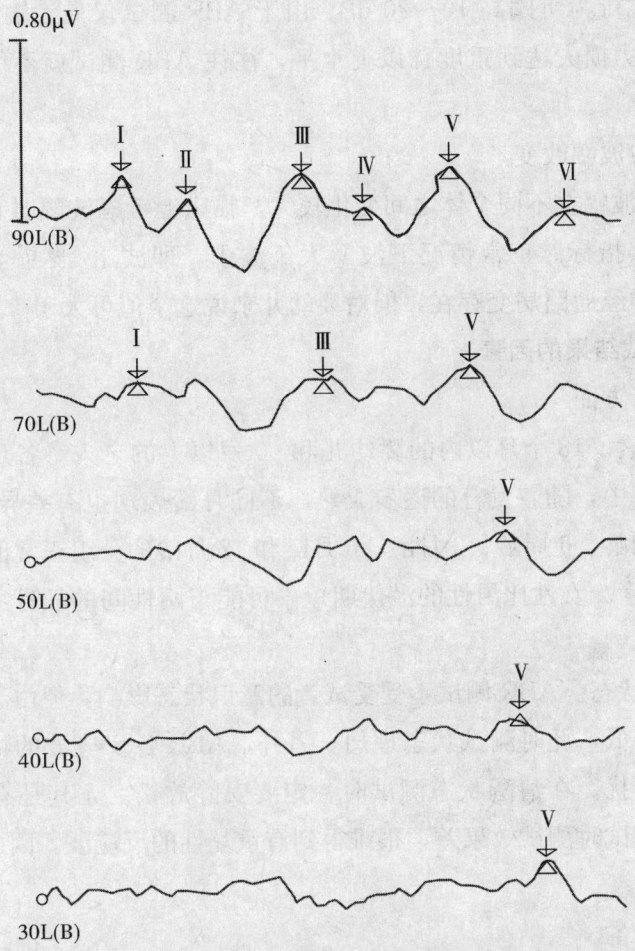

图 1—5　正常听力儿童不同刺激强度 ABR 反应波

病变时，压迫可导致神经元放电同步性下降，从而使潜伏期延长，临床多见于波 V 延长，波 I～波 V、波 III～波 V 间期延长。

听力下降，同样导致潜伏期延长。这是因为当高强度刺激时，内耳参与反应的毛细胞以耳蜗底回为主，即高频成分占主要地位。此时，顶回的低频区域也产生电活动，但其相位与底回电活动不同而被抵消。当高频听力下降时，顶回毛细胞参与较多；从底回到顶回兴奋传递的路径延长，导致潜伏期延长。传导性听力损失的各波潜伏期也会延长。

（2）反应波缺失

当听神经通路有病变或听力下降到一定程度时，可导致某些反应波消失甚至全部反应波消失。就听力学方面来说，主要看波 V 的反应阈值。总体来说，正常人波

Ⅴ的反应阈值比行为听阈高 10~20 dB。由于 ABR 测试仪最大输出刺激声在 100 dB nHL，当听力损失达到重度聋以上水平，往往 ABR 测试就不能引出任何反应波。

(3) 反应波波幅改变

由于 ABR 波幅在不同个体之间变化较大，临床上考虑波幅时多以波Ⅰ与波Ⅴ的比值作为观察指标。正常情况下波Ⅴ大于波Ⅰ，即波Ⅰ/波Ⅴ<1，当该值>1 时，可能有听神经通路病变存在，但对婴幼儿来说这个值可大于 1。

3. 影响测试结果的因素

(1) 受试者方面

1) 年龄因素。18 个月以内的婴幼儿和 60 岁以上的老人，各反应波的潜伏期延长。在婴幼儿中，随着发育的逐步成熟，不同月龄表现也有差异，为严格起见，最好有测试 3 周龄、6 周龄、3 月龄、6 月龄和 12 月龄的分组正常值。

2) 性别因素。女性比男性的潜伏期短，可能与两性间的颅骨大小和脑组织结构差异有关。

3) 受试者状态。ABR 测试不受受试者的意识状态影响，但由于睡眠时身体放松，脑电活动降低，此时测试状态理想。另外，ABR 各反应波的幅值较低，容易受肌电活动的干扰。在清醒状态测试时一定要安静放松。尤其是有听力损失的患者，清醒状态测试时测试效果差，很难得到有重复性的反应波。因此，最好在睡眠时进行测试。

(2) 测试设备

1) 刺激声的影响。短声是记录清晰 ABR 反应的最好刺激声，因为它是猝发声，神经反应的同步效果好。但不足之处是缺乏频率特异性。应用短音或短纯音，可以提高频率特异性，但反应波的清晰度下降。有关刺激声的极性对各反应波的波幅及潜伏期的影响，研究结论不一。商用型仪器有的采用疏波短声，也有的采用密波短声，还有的采用交替波短声。一般来说，刺激声极性可以由测试者来选定。

2) 刺激速率的影响。刺激速率越慢，反应波越清晰，但耗时越长；刺激速率越快，潜伏期越短，波幅越低。在临床应用中，既要获得清晰的反应波形，又不能使测试时间过长，否则受试者不易耐受。目前一般采用 11~20 次/s 的刺激速率，在这个范围内引出的反应波无显著差异。

四、听性脑干反应的临床应用

ABR 最主要的临床用途是用来评估听阈，还可以进行外周或中枢某些神经系统病变以及术中监测。

1. 客观听力测试

（1）儿童或难测人群的听力测试手段

用 ABR 测试了解受试者的听力情况，主要分析 ABR 的反应阈值。短声刺激，多数研究报告认为，ABR 反应阈值与纯音测听结果的 2～4 kHz 的结果最接近，范围是 10～20 dB，所以，ABR 结果可以估计受试者的高频听力。但这些结果多是从正常听力者得到的。对于听力损失者，有学者指出，ABR 的反应阈值与他们的平均听力更接近。对于不能配合的人群，只能用 ABR 来估计其行为听力。ABR 测试经过多年的研究证实，其测试结果稳定可靠，重复性好，因此，ABR 是客观测听中的最佳方法。

但短声的宽频谱特点，使得 ABR 结果在某些受试者中与实际听力有较大差异。例如，一些低频陡降或高频陡升型纯音听力的受试者，ABR 结果与其真正听力不一致；当纯音听力在 2～4 kHz 处与其他频率相差较大时，ABR 结果也不能如实反映纯音听力。也就是说，当纯音听力不是平坦型时，用 ABR 测试结果来估计行为听力可能有较大误差。

（2）器质性聋与功能性聋的鉴定

正常人或器质性聋（真聋），他们的短声主观听阈均比 ABR 反应阈值低；功能性聋（伪聋）则相反，其 ABR 反应阈值比主观短声听阈低。功能性聋 ABR 反应阈值正常，各反应波潜伏期在正常范围；器质性聋 ABR 反应阈值高于正常，出现反应波潜伏期延长、反应波消失等现象。

（3）新生儿的听力筛查

作为早期发现听力损失儿童的重要手段，最常用的筛查方法是耳声发射测试。ABR 操作相对复杂，结果判定要求较高的专业水平，所以临床应用不多。但自动听性脑干反应测试（Auto—ABR，AABR）的应用，改善了 ABR 的一些不足。AABR 的特殊之处在于它相比传统的 ABR，操作相对简化，结果判定由设置好的测试程序自动进行。但由于 AABR 标准并没有统一，所以，AABR 在临床并未广泛应用。

当需要对新生儿的听力作出确诊时，就必须有 ABR 的测试结果。

2. 骨导 ABR 测试

相比气导 ABR 结果，骨导 ABR 测试得到的反应波波幅低，主要以波 V 出现为主，潜伏期也比气导 ABR 延长。而且有研究证实，短声骨导 ABR 可以使几乎整个基底膜兴奋，同样无频率特异性，主要用来鉴别是否有传导性聋。但骨导

ABR 输出较低，只能对轻度传导聋作出诊断。当新生儿诊断为听力损失且程度不重时，一定要排除是否有传导路病变的可能。气导 ABR 结果显示波 I 潜伏期明显延长时，可能有传导问题存在，此时最好加测骨导 ABR。1 岁以内儿童的耳间衰减值在 15 dB 或 25 dB 以上，所以不用掩蔽。如果测出的骨导 ABR 反应阈值 ≤ 15 dB 气导 ABR 反应阈值，则有传导性听力损失的可能。如果是外耳道闭锁或狭窄者，一定要进行骨导 ABR 测试。由于骨导 ABR 的输出小，反应波幅低，容易受外界干扰。另外，由于婴幼儿的头颅小，骨振荡器的固定需要特制的绷带，绷带要求固定力度合适。目前，尽管有资料证实，在婴幼儿的听力诊断中，进行骨导 ABR 测试，可以诊断是否有传导或混合性聋存在，但临床应用少，数据不多，所以，在开展此项测试前，各个测听室应该建立自己的正常数据库。

3. 耳神经学上的应用

ABR 结果应用于耳神经学应从以下几个方面考虑：

（1）反应波，尤其是波 I、波 III、波 V 是否存在或消失，波幅是否有明显改变。多发性硬化症的 ABR 结果表现为波 V 幅度低于波 I，波 III 或波 V 消失。脑白质营养不良可为只出现波 I。

（2）各反应波的潜伏期是否有明显延长。

（3）峰间期的改变，特别是波 I～波 V、波 I～波 III、波 III～波 V 的峰间期，是否明显延长。

（4）两耳波 I～波 V 峰间期的对比，如果两侧都记录出波 I、波 V，而且峰间期相差大于 0.4 ms 即异常。当病人纯音检测正常而 ABR 检测潜伏期或波间期明显延长，可能有听神经瘤或脑桥小脑角肿瘤。

ABR 用于耳神经学方面诊断，要求有丰富的临床医学经验，当发现有些特殊的 ABR 结果不易解释时，最好建议病人去医院就诊。

五、其他类型 ABR

1. 短音和短纯音 ABR 测试

（1）短音和短纯音的声学特点

短音和短纯音是持续时间从数毫秒至数十毫秒的纯音段。其波形由一个主瓣和若干边瓣构成，频谱有一定宽度，频率特异性好于短声，但比纯音差。这两种声音区分并不严格，有资料显示，当持续时间在 10 ms 以下时为短音。

短音或短纯音都是有一定包络形状的短的纯音段，其包络形状由上升、平台和下降三部分构成，即经过几个周期达到最大振幅（声强），最大振幅持续几个周期，然后再经过几个周期降到无声。所以，当这三部分发生变化，尤其是上升时间变化时，会影响短音或短纯音的频谱。持续时间短，短音或短纯音边瓣能量就高，持续时间长，边瓣能量就低。目前，常用各种函数对短音或短纯音的幅度增长加以调节，将这种调节称为"门控"，不同的门控函数对短音或短纯音的频率特征产生不同的效果。例如，用线性函数门控上升下降时间 2 ms，无平台期的 2 kHz 短纯音，其边瓣振幅比主瓣低 27 dB，用余弦平方门控时边瓣比主瓣低 31 dB，当改用余弦门控时就会低 50 dB 以上。降低边瓣的振幅非常重要，因为这些边瓣的能量可以刺激基底膜相应部位毛细胞兴奋，导致主瓣以外的频率出现反应，导致刺激声的频谱变宽，使测试结果不能如实反映刺激频率处的真正反应（见图 1—6）。

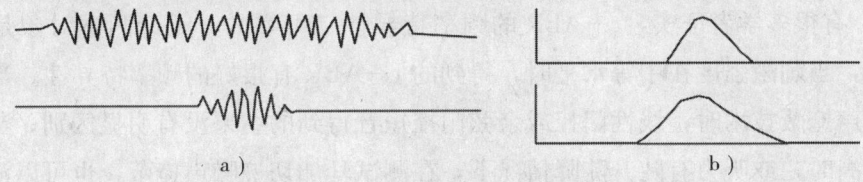

图 1—6　短纯音及短音的波形及频谱
a）短纯音及短音的波形　b）短纯音及短音的频谱（坐标横轴从左至右代表频率由低到高）

（2）短音或短纯音的计量

短音或短纯音的计量与短声计量相同。无论短声、短音或短纯音，不同测试仪、不同耳机、不同的测试环境都可以对它们的实际输出产生影响。因此，每一台测试仪都应当建立自己的 dB nHL 值。

（3）记录技术的特点

短纯音 ABR 记录的软硬件设置与短声 ABR 大致相同，但高通滤波设置可低至 30 Hz，刺激叠加次数必要时增加。另外，用 500 Hz 纯短音刺激时，反应波也明显延长，所以，对于婴幼儿，分析的时间窗应为 20 ms 甚至 25 ms。

（4）短音或短纯音记录 ABR 的特点

利用短音或短纯音记录 ABR，临床称为 Tone—ABR，简称 t—ABR，其最大的优点是刺激声有频率特异性，可以分频测试，反应阈值与行为听阈的差值近似于短声 ABR 与行为听阈的差值。但缺点是分频测试耗时较长，记录的反应波与短声 ABR 有较大的区别，辨认比短声 ABR 反应波困难。t—ABR 的反应波由波 V 及其随后的负波构成，称之为波"V—V′"。不同频率的刺激声引出的波 V—V′潜伏期不同，尤其是 500 Hz 短音，引出波的潜伏期明显要比 4 kHz 短音引出波的潜伏期长，主要是因为耳蜗顶部感受低频，低频声波在耳蜗内传播的距离比高频声波长，还有 500 Hz 短音的上升时间长。

(5) t—ABR 的临床应用

t—ABR 在临床中并没有得到广泛应用，这是因为有观点认为，t—ABR 的频率特异性并不像想象中的那样好，尤其是 500 Hz 的短音，由于刺激声频谱中边瓣的作用，引出的反应并不能真正反映 500 Hz 处的听力。另外，还有掩蔽的问题。为了解决刺激声边瓣的影响，需要在测试时给测试耳一定强度的掩蔽噪声，这在过去也是技术难点。与短声 ABR 不同，t—ABR 的测试参数还没有一个相对固定的推荐标准，所以，很多商用型测试仪只能输出短声刺激而不能输出短音或短纯音。但这种状况可能会很快得到改善，主要有以下几个原因：

1) 有很多学者证实，t—ABR 的频率特异性是可靠的，无论测试对象是正常或异常，当刺激强度在中等水平时，得到的 t—ABR 有很好的频率特异性。当采用切迹噪声掩蔽技术时，线性门控或余弦门控短音得到的结果没有明显区别；当刺激强度较高时，或听力有陡升陡降情况下，在测试耳加切迹噪声掩蔽，也可以消除刺激声边瓣的影响，短音在有无掩蔽下引出的 ABR 结果如图 1—7 所示。Stapells 总结了 20 多篇报告的结果发现，无论是正常听力或异常听力者，t—ABR 在 500 Hz、1 kHz、2 kHz 和 4 kHz 处与纯音听力均很接近，并列出了一个回归方程来通过 t—ABR 反应阈值计算纯音听力。同时认为，通过这个回归方程计算出的各个频率的纯音听力与真实听力接近 5～10 dB。具体计算公式为：500 Hz 行为听阈＝－3.25＋0.87×ABR 阈值；2 000 Hz 行为听阈＝1.82＋0.91×ABR 阈值；4 000 Hz 行为听阈＝4.12＋0.90×ABR 阈值；1 000 Hz 的结果与 2 000 Hz 很接近。

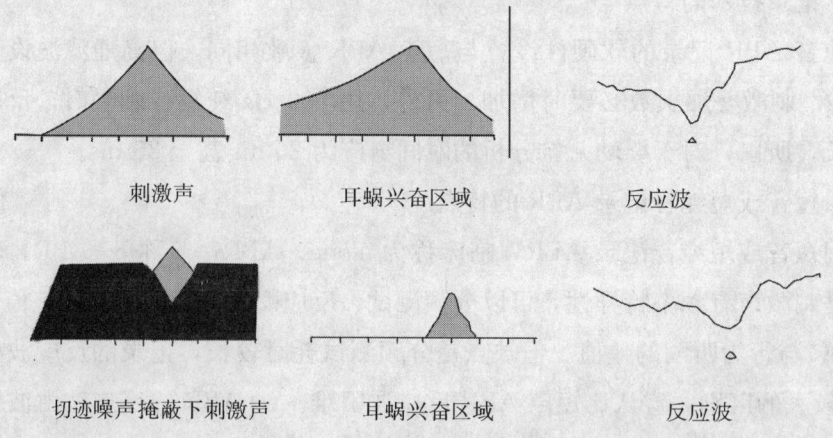

图 1—7　短音在有无掩蔽下引出的 ABR 结果

2) 为保证获得的 t—ABR 结果可靠，不同的测试仪在测试参数上应基本相同。

Stapells 提供了一个参考标准，这个标准对测试刺激声、分析时程、滤波设置、伪迹剔除、刺激速率和掩蔽声设定等均作了详细的规定。尤其在滤波设置上，高通滤波器应设置为 20～30 Hz。与短声 ABR 不同，目前已经有商用型测试仪采用了这种参数设置（见表 1—5、表 1—6）。儿童在 500 Hz 短音刺激下的 ABR 结果如图 1—8 所示。Sininger 也指出，应用短音来记录 ABR 时应注意两个问题：一是刺激声的持续时间，在保证至少有一个周期以上的刺激频率的条件下要尽可能缩短刺激持续时间，而同时要具备充分的"开"和"关"时间，这样就会减少边瓣效应；二是给声刺激的同时要在同侧耳加掩蔽，最常用的是切迹噪声掩蔽，要求与前述 Stapells 的研究报告相同。

表 1—5　　　　　　　t—ABR 气导测试的参数设定值

测试声 2—1—2 周期线控短音（Hz）	500	1 000	2 000	4 000
上升/下降时间（ms）	4	2	1	0.5
平台期（ms）	2	1	0.5	0.25
刺激声极性	交替波			
刺激率	39.1/s（或 37～41/s）			
同侧耳掩蔽	切迹在测试音频率、宽度为一个倍频程的切迹噪声（高通或低通滤波，≥48 dB/倍频程），强度比刺激声低 20 dB peSPL（未滤波时）			
对侧耳掩蔽	白噪声			

表 1—6　　　　　　　t—ABR 骨导测试的参数设定值

测试声 2—1—2 周期线控短音（Hz）	500	2 000	4 000
上升/下降时间（ms）	4	1	0.5
平台期（ms）	2	0.5	0.25
转换器	Radioear B—70A 骨振荡器		
刺激声极性	交替波		
刺激率	39.1/s（或 37～41/s）		
同侧耳掩蔽	无		
对侧耳掩蔽	需要时		

（6）短音或短纯音骨导 ABR 测试

骨导 t—ABR 的最大输出，500 Hz 为 50 dB nHL，2 000 Hz 为 60 dB nHL。当刺激声强度≥30 dB nHL 时，可产生电磁干扰，500 Hz 在 10 ms 处会有一个电波出现，2 000 Hz 的电磁干扰波出现在 2.5 ms，由于波 V 出现时间比干扰波出现

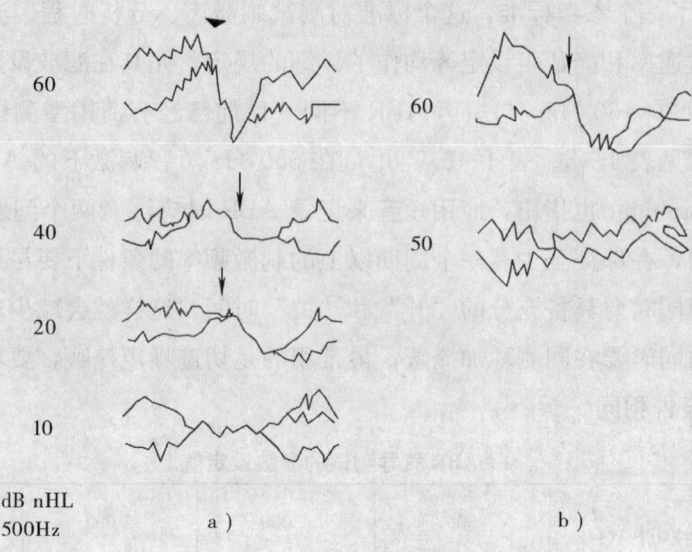

图1—8 500 Hz 短音刺激的 ABR 结果
a) 正常听力儿童　b) 听力损失儿童

得晚，所以，并不会影响结果判定。目前认为，婴幼儿的骨导测试比成人复杂，因为婴幼儿的颅骨特点与成人不同，刺激声的校准也不同，而且婴幼儿的头颅较小，骨振荡器的固定与成人要求也不一样。婴幼儿的 t—ABR 反应阈值在 500 Hz 处为 20 dB nHL、2 000 Hz 处为 30 dB nHL 或更低一些。相比成人的反应阈值，婴幼儿在 500 Hz 处的反应阈值比成人低，而在 2 000 Hz 处的反应阈值比成人高。当刺激声强度≤40 dB nHL 时，引出的反应有频率特异性。

(7) t—ABR 的测试结果

虽然 t—ABR 目前并没有在临床广泛应用，但国内外相关的研究报告并不少见。Stapells 总结了 35 篇正常听力的研究结果，在 500 Hz、1 000 Hz、2 000 Hz 和 4 000 Hz 处 4 个测试频率的反应阈值在成人中分别为 18 dB nHL、15 dB nHL、14 dB nHL、12 dB nHL，在儿童中分别为 17 dB nHL、16 dB nHL、13 dB nHL、12 dB nHL。在 17 个听力异常组研究结果中，上述频率测试下的反应阈值与行为阈值的差在成人中分别为 12 dB nHL、10 dB nHL、10 dB nHL、10 dB nHL，在儿童中分别为 -1 dB nHL、4 dB nHL、0 dB nHL、-11 dB nHL。国内有研究显示，除 500 Hz 处的反应阈值稍高外，其余测试频率结果是，正常人的反应阈值与国外研究的结果基本相同，而新生儿中由于不同部位脑干发育的成熟速度不同，当用短音 ABR 测试时发现，500 Hz 处的反应阈值与成人相近，但 1 000 Hz 以上的反应阈值均明显比成人高。

总之，t—ABR 也是常用的客观测试方法，从长远发展来看，t—ABR 比 c—ABR（Click—ABR）有一定的优点，可能会越来越多地被采用。但由于分频测试比较耗时，在临床应用中可以测试 500 Hz 及 2 000 Hz 两个频率，以便对低频和高频听力都有所了解。正如 Sininger 指出，短声 ABR 和短音 ABR 都是准确的客观听力测试，短声 ABR 对估计平均听力水平非常有用，但不能反映听力图构型，而短音 ABR 对估计听力图构型非常有价值。

2. AABR 测试

利用 ABR 测试仪进行数据采集并自动分析测试结果，对新生儿进行听力筛查的技术，称为 AABR。目前临床常用的是短声 AABR。

（1）AABR 测试仪具备的特点

1）电极连接简单，检测容易。

2）测试程序迅速，操作简便易行。

3）携带和安装简便。

4）完全由测试仪得出测试结论。

5）敏感性和特异性高。

6）测试结果可以打印。

7）可存储记录反应波，以便需要时复习和审核。

（2）AABR 的临床应用

1）测试环境的要求。尽管目前所用的 AABR 测试仪对测试环境要求不像诊断型测试仪那么严格，但也应该选择远离噪声和电磁干扰的场所，房间尽量安静。

2）电极的要求。一次性电极最好，但成本较高。重复使用的电极需要注意消毒，因为新生儿的皮肤娇嫩，在做皮肤准备时动作要轻柔。电极的连接与前述 ABR 测试要求相同。极间电阻应该尽量低。

3）测试参数。刺激声为短声，极性为交替波，刺激速率尽量快，一般在 30～40 次。刺激强度在 35～50 dB nHL。刺激声必须进行校准。耳机可选用压耳式（TDH39/49）或插入式耳机（EAR—3A）。放置耳机时，一定要注意避免耳机脱落或耳机声管被阻塞。

4）结果分析。AABR 的测试结果由测试仪自动进行分析并给出"Pass"（通过）或"Refer"（待查）。这些结论的得出，是由测试仪内部设定的统计和数学计算方法，通过反应波与噪声振幅比的相关性、模板法、Fsp 分析法等测试软件完成。不同的测试仪采用的计算软件不一定相同，但必须经过大量的临床应用，对其敏感性和特异性作出评价，证明可靠后才能用于临床。

（3）AABR 的优点与不足

由于 AABR 测试结果反应了脑听觉神经通路的功能状态，避免了耳声发射测试无法判断蜗后功能状态的缺陷，所以可取代耳声发射测试作为新生儿的听力筛查方法。但缺点是操作比耳声发射复杂，所需测试时间稍长。

 能力要求

听性脑干反应测试操作

一、工作准备

1. 连接测试设备

目前的商用型测试仪多数是将测试仪通过 USB 接口与计算机相连，测试执行软件安装于计算机中，但测试设备的硬件均在测试仪中。通过操作计算机来完成测试过程，包括反应波的观察分析、测试结果的打印报告等。计算机如兼作办公计算机使用，应注意其安全性。

2. 检查设备工作状态

每次测试前要确保测试仪处于接通状态，USB 接口与计算机连接正常；如接有地线要确定连接牢固，正式测试前先观察基波来排除是否有干扰波出现；检查换能器的声输出和记录电极线有无异常。测试环境要求在隔声屏蔽室室内进行，环境噪声<30 dB（A），测试仪最好通过稳压电源供电。

二、工作程序

1. 受试者要求

所有受试者必须保持安静和放松状态，可坐于椅子上或平躺于测试床上。在整个测试过程中要保持这种安静放松姿势，不能有肢体活动，尽量减少眨眼、面部肌肉动作；对于不能配合的儿童，多采用口服 10％水合氯醛（0.5 mL/kg）催眠，入睡后让其平卧于测试床上。

2. 皮肤脱脂及电极放置

首先应进行脱脂，先用 95％酒精清洁准备连接电极部位的皮肤，用医用磨砂膏轻轻擦拭清洁过的部位，然后用医用胶布将涂抹有导电膏的电极固定于擦拭清理过的皮肤位置。如果受试者是婴幼儿，擦拭皮肤时一定要注意力度适中，不要损伤皮肤表皮。按照记录电极—颅顶或发际正中、参考电极—两侧耳乳突、接地电极—对侧耳乳突或鼻根部的定位连接固定电极。检查电极间阻抗，一般要求在 10 kΩ 以下，越低越好。由于电极线比较细，经常使用后可能出现断裂，当发现电阻过高时，应检查电极线是否出现问题。

3. 耳机佩戴

压耳式耳机中心的发声膜片部位应正对外耳道口，佩戴时应防止耳郭被压折，收紧耳机头带。插入式耳机应选择与外耳道大小相匹配的探头，将探头固定在外耳道内，防止测试过程中脱落。注意耳机左右标志。

4. 给声并记录电位

一般先给 70 dB nHL 的刺激声，记录并分析反应波波形，如果可以引出清晰的波Ⅰ、波Ⅲ、波Ⅴ，则降低刺激强度，降低的幅度为 10~20 dB，接近阈值时降低的幅度为 5 dB 直至找到反应阈值。如果 70 dB nHL 未引出反应波或反应波波形不典型，则增加刺激强度 10~20 dB 直至最大输出。所有测试仪的最大声输出在 105 dB nHL 左右。测试中应单耳给声，无特殊情况可以从任意一侧耳开始给声，一耳测试完毕后测试另一侧耳。结束测试的时机是在某强度未能引出任何反应波时重复前一测试强度（阈强度）后测试即可停止；如果最大声输出也没有反应波出现，说明受试者 ABR 测试无反应。

5. 掩蔽的问题

当发现两耳反应阈值相差 40 dB 以上时，测试差耳时需要对好耳加掩蔽。由于 ABR 掩蔽方法远比纯音测试简单，对好耳加 50 dB 宽带噪声即可。因为 ABR 测试的最大刺激声在 100 dB nHL 左右，当对侧耳正常听力时，就会有最大 60 dB nHL 的刺激声传过去（减去 40 dB nHL 的耳间衰减值），正常听力者的 ABR 反应阈值为 10~20 dB nHL，所以，50 dB 的掩蔽噪声强度就够用，用插入式耳机给声时酌情降低掩蔽强度。

三、注意事项

1. 保证电极安放位置正确。
2. 脱脂充分，应保证电极和皮肤之间的电阻保持在 10 kΩ 以下。
3. 正确佩戴耳机，如果儿童耳郭较软，则应加耳机垫圈。
4. 成人受试者在测试过程中应保持安静、放松，不能配合的儿童受试者要处于睡眠状态。
5. 注意脑干反应阈值与纯音测听之间的差值。

【案例】女童，7岁，以口齿不清就诊，家长反映女童可以听到声音，但说话口齿不清晰，小时候在当地医院进行过 ABR 测试，结果基本正常，所以一直没有配戴助听器。再次进行纯音和 ABR（自然睡眠下）测试，结果如下：

纯音	0.5 kHz	1 kHz	2 kHz	4 kHz	6 kHz	8 kHz
右耳	65 dB	70 dB	70 dB	65 dB	20 dB	20 dB
左耳	70 dB	70 dB	75 dB	70 dB	40 dB	20 dB

ABR 结果：右耳 30 dB，左耳 55 dB

从 ABR 结果看，其右耳为反应阈值正常，左耳也只是轻度至中度聋，应该不存在配戴助听器的问题，因为一侧听力正常就可以有正常的言语发育。但纯音结果表明，她双耳的 0.5~4 kHz 的整个语言频率的听力都在重度聋水平，而其 ABR 测试结果与 6 kHz 和 8 kHz 处的纯音听力更接近，需要配戴助听器。

【案例】男童，5岁，配戴助听器已两年多，但助听效果并不满意，而过去的 ABR 测试结果显示，其听力损失在中度至重度水平，应该有很好的助听效果。该儿童的纯音和 ABR 测试结果如下：

纯音	0.5 kHz	1 kHz	2 kHz	4 kHz	6 kHz	8 kHz
右耳	35 dB	55 dB	80 dB	105 dB	-	-
左耳	40 dB	60 dB	90 dB	110 dB	-	-

ABR 结果：右耳 55 dB，左耳 65 dB

纯音测听的结果显示，该儿童的 2 kHz 以上频率处的听力几乎在极重度聋水平，其纯音听力图呈典型的陡降型特征；但双侧 ABR 测试结果并不很重。说明该儿童的 ABR 结果反映的是中低频听力；过去的助听器验配是依据 ABR 测试结果，高频补偿欠缺，所以言语发育受到影响。

以上两个例子说明，虽然短声 ABR 测试结果稳定可靠，但病人的听力是陡升型或陡降型时，ABR 结果就不一定能反映真实的听力情况，即单纯依靠短声 ABR 不能准确预测听力图构型。通过这两个病例，应该有这样的认识，对于儿童的听力测试，只用一种测试方法很可能得出不够全面的诊断结论，因此，应该采用多种测试手段来完成儿童的听力诊断。

思 考 题

1. 简述听性脑干反应的发生源。
2. 简述进行听性脑干反应测试的注意事项。
3. 如何判定听性脑干反应的阈值?
4. 简述 ABR 和 AABR 的区别。
5. 儿童与成人 ABR 的结果有何不同?

第 2 节 诱发耳声发射

 学习目标

- 掌握耳声发射的原理和类型
- 掌握耳声发射的操作方法
- 能进行瞬态声诱发性耳声发射测试,并对其结果进行识别与记录
- 能进行畸变产物耳声发射测试,并对其结果进行识别与记录

 知识要求

在过去的很多年,人们一直认为耳蜗是一个单纯的声/电换能器。但人耳听觉有着惊人的效率和极其精细的分辨力,仅靠一个"被动"工作的耳蜗提供初始信号似乎是不可能达到的。1948 年,Gold 提出,在耳蜗中可能存在一种与机械—生物电转换过程相匹配的逆过程,即生物电—机械能的转换过程,通过正反馈作用,加强基底膜的运动,并认为可能在外耳道中记录到这种活动信号。1971 年,Rhode 研究指出,基底膜运动具有非线性特点,由于当时在实验中使用的声刺激强度不会引起一个被动系统产生非线性反应,因此,提示耳蜗可能存在主动增益控制机制。1978 年,Kemp 首次用耳机/传声器组合探头,利用短声作为刺激信号,发现记录到的外耳道声信号中除了刺激信号外,还有一延迟数毫秒出现,持续时间约 20 ms 的另一声信号,从强度和潜伏期看,这一机械能量不可能来源于刺激信号,肯定来

自耳蜗的某种耗能过程，Kemp 将其称为耳声发射（OAE）。耳声发射反映出耳蜗不仅能被动地感受声音信号，而且还具有主动产生音频能量的功能。

一、耳声发射的概念和分类

1. 耳声发射的定义

耳声发射是一种产生于耳蜗，经听骨链及鼓膜传导释放入外耳道的音频能量，是从外耳道记录的来自耳蜗内的弹性波能量。

耳声发射以机械振动的形式起源于耳蜗。这些振动能量来自外毛细胞的主动运动。外毛细胞的这种运动可以是自发的，也可以是对外来刺激的反应，其运动通过 Corti 器中与其相邻结构的机械联系使基底膜发生机械振动，这种振动在内耳淋巴中以压力变化的形式传导，并通过卵圆窗推动听骨链及鼓膜振动，最终引起外耳道内空气振动。由于这一振动的频率多在数百赫兹到数千赫兹，属声频范围（20～20 000 Hz），因而称其为耳声发射。顾名思义，是由耳内发出的声音，其实质是耳蜗内产生的音频能量经过中耳传至外耳道的逆过程，以空气振动的形式释放出来。

2. 耳声发射的分类

依据是否存在外界刺激声信号诱发，以及由何种声刺激诱发，将耳声发射分为两大类：

（1）自发性耳声发射（SOAE）

耳蜗不需任何外来刺激，持续向外发射机械能量，形式极似纯音，其频谱表现为单频或多频的窄带谱峰。

（2）诱发性耳声发射（EOAE）

通过外界不同的刺激声模式引起各种不同的耳蜗反应。依据由何种刺激诱发，又可进一步分为瞬态诱发耳声发射、刺激频率诱发耳声发射、畸变产物耳声发射和电诱发耳声发射。

1）瞬态诱发耳声发射（TEOAE）。这是指耳蜗受到外界短暂脉冲声（一般为短声或短音，时程在数毫秒以内）刺激后，经过一定潜伏期、以一定形式释放出的音频能量。由于有一定的潜伏期，也被称为延迟性耳声发射，并且它能重复刺激声内容，类似回声，也称"Kemp 回声"。

2）刺激频率诱发耳声发射（SFOAE）。这是指耳蜗受到一个连续纯音刺激时，将与刺激声性质相同的音频能量发射回外耳道，称为刺激频率诱发耳声发射。这种耳声发射的频率与刺激频率完全相同。

3）畸变产物耳声发射（DPOAE）。这是耳蜗同时受到两个具有一定频率比值关系的初始纯音刺激时，由于基底膜的非线性调制作用而产生的一系列畸变信号，经听骨链、鼓膜，传入外耳道并被记录到的音频能量。

4）电诱发耳声发射（EOAE）。这是指对耳蜗施以交流电刺激诱发出与刺激电流相同频率的耳声发射。这种耳声发射只在动物上进行。

3. 耳声发射的基本特征

（1）非线性

耳声发射具有随刺激强度增长的输出饱和性，即在低强度刺激下可随刺激强度增加而近乎线性地增长。当刺激强度增加到40～60 dB SPL 时，耳声发射增长减慢并趋于饱和。这是耳声发射的重要特征。

（2）可重复性和稳定性

以时域图形显示的耳声发射存在明显的个体差异，但自体具有良好的可重复性和稳定性，可连续数年无明显变化。

（3）锁相性

耳声发射的相位取决于声刺激信号的相位，并跟随声刺激的相位变化而发生固定的变化。这一特点在瞬态诱发耳声发射的记录中被用来减少记录伪迹。利用它也可以测量耳声发射的相位及辨别自发性耳声发射。

（4）强度低

耳声发射的强度很低，一般为-5～20 dB，很少超过 20 dB。

（5）频率高

诱发性耳声发射和自发性耳声发射的频率以 1～3（4）kHz 为主。

二、耳声发射的产生部位及产生机制

1. 耳声发射的产生部位

（1）耳声发射来源于耳蜗

1）耳声发射的反应阈值可低于主观听阈，是一种神经前反应，而且与突触传递无关。

2）用化学药剂阻断或切断第Ⅷ颅神经，此时声刺激不能引出神经反应，但仍可记录到耳声发射。

3）耳毒性药物、强噪声、缺氧以及传染病等导致耳蜗受损的因素，均可影响耳声发射。

4）诱发性耳声发射具有频率离散现象，即耳声发射的频率越高潜伏期越短。

5）外毛细胞缺失或排列紊乱时，耳声发射缺失或幅值下降。外毛细胞有以下特点：

①形态与位置。外毛细胞呈柱状，位于 Corti 隧道外侧，远离较为固定的螺旋缘基底膜附着处。其顶端有纤毛嵌入盖膜中，底部经支持细胞与基底膜耦合，从而与周围结构建立了密切的关系。

②神经支配。90％以上的传出神经纤维与之相连，表明外毛细胞主要接受来自中枢的指令并作出反应。

③结构特点。外毛细胞内存在肌动蛋白、肌凝蛋白和线粒体等，并有类似肌细胞肌浆网样结构的表面下池；肌浆网样结构和收缩蛋白的存在说明外毛细胞具备产生机械活动的结构基础。

④离体外毛细胞运动形式。一种形式是受胞膜电位去极化状态的影响，表现为胞体长短、体积大小的较缓慢变化；当刺激引起细胞膜去极化时，胞体缩短；而超极化时则伸长。这种长度变化所产生的力量可推动数倍于外毛细胞自身的质量。另一种形式是由胞膜两侧离子活动引起的细胞纤毛束的快速摆动。其摆动频率可高达数千赫兹乃至上万赫兹，不同部位的外毛细胞有特定的摆动频率。

(2) 中耳结构不具备产生耳声发射的条件

鼓膜、听骨链和耳蜗内诸结构构成的传导系统是一个机械阻尼系统，在一个被动的阻尼系统中，从系统内输出的能量永远不会等于或超过外界输入到系统中的能量。实验观察发现，在低声强刺激时，耳蜗产生的耳声发射的强度可接近或超过刺激声强度，即由耳蜗输出的能量接近或超出了输入的能量。在一个阻尼系统中，如果输入/输出能量相等，即说明该系统中有主动能量来克服系统阻尼。有人认为这一能量来自中耳，但中耳结构中除肌肉外，多为被动活动的结构，不具备主动活动能力；而中耳肌肉收缩的频率很难达到几百赫兹以上，更不会同时包含多种频率。因此，发生源不在中耳这一论点已被论证并得到广泛认同。

2. 耳声发射的产生机制

到目前为止，耳声发射产生的详尽机制还不十分清楚，有代表性的耳声发射产生机制学说有两种：基底膜结构的主动反馈机制、基底膜行波的双向性。这两种学说虽有一定的依据，但仍待进一步研究证明。

(1) 基底膜结构的主动反馈机制

耳蜗内存在正反馈和负反馈机制。典型的正反馈机制表现为：基底膜活动→外毛细胞纤毛运动→形成感受器电位→外毛细胞活动→基底膜的进一步活动，可导致基底膜发生振动，逆向传递，产生耳声发射。这种正反馈机制除具有放大作用外，还有利于基底膜的精细调节。

(2) 基底膜行波的双向性

基底膜行波的运行呈双向性。既可以由蜗底传向蜗顶，也可反向传回蜗底。由于基底膜机械阻抗的不均匀，当行波通过时，其能量运行在这些部位受到阻碍，部分能量可由此处发生折返，逆向传至镫骨底板，经听骨链、鼓膜传至外耳道而形成耳声发射。这种耳声发射产生机制学说也称为解剖学说。基底膜对相关联的两个声刺激频率产生相互作用，导致行波的运行发生障碍，部分能量折返而形成耳声发射。这种耳声发射产生机制学说也称为功能学说。

(3) 外毛细胞的能动性

前面已述及外毛细胞的特点，它的能动性可能是耳蜗放大的一个动力源，也是耳声发射的来源之一。

三、耳声发射的测试与记录

1. 测试环境及受试者要求

耳声发射是较弱的音频信号，在测试时要求较低的环境噪声。同时，受试者要保持安静状态，对于不能配合的儿童，应在催眠状态下进行测试。

2. 测试仪器

耳声发射虽然种类不同，形式多样，但测试方法却有许多相似之处。测试硬件均由微型扬声器、高灵敏度麦克风、数字处理板和计算机系统组成。在测试中，由扬声器按照不同方式给声，并由高灵敏度麦克风拾取耳声发射信号，经过一系列处理，提高信噪比，最后以频域或时域的形式显示或记录，从而完成测试。所不同的只是各种类型的耳声发射测试所用的刺激声特征及相应的信号处理方法有差异，也正是它们决定了不同的耳声发射具有不同的特点。

3. 自发性耳声发射测试

(1) 自发性耳声发射的记录

SOAE 的记录方法比较简单，测试系统内不给出刺激信号，只需一个含高灵敏度麦克风的探头和一个放大器相连。麦克风将耳蜗自动产生的信号采集放大，滤波后转化为数字信号，并进行时域叠加，降低噪声，提高信噪比，最后转变为频域信号加以显示。

记录到的典型 SOAE 信号为一个或多个近似纯音的单频或多频的窄带谱峰。由于强度极低，人们在主观上不易察觉，其存在多表明 SOAE 邻近频率的耳蜗功能正常，有较高的灵敏度。

(2) 自发性耳声发射的基本特征

多数人认为，婴幼儿的 SOAE 引出率和信号幅值都比成人高。而且成人的 SOAE 成分多在 1 000～2 000 Hz，婴幼儿多在 2 000～5 000 Hz（见图 1—9），这可能和中耳与外耳道在两类人群中的差异有关。在听力正常人群中，有关 SOAE 出现率的数值为 40%～70% 不等，即使有轻微的听力损失（25～30 dB HL），也可以引出 SOAE。由于在正常听力人群中的引出率不高，所以，SOAE 基本不用于临床。

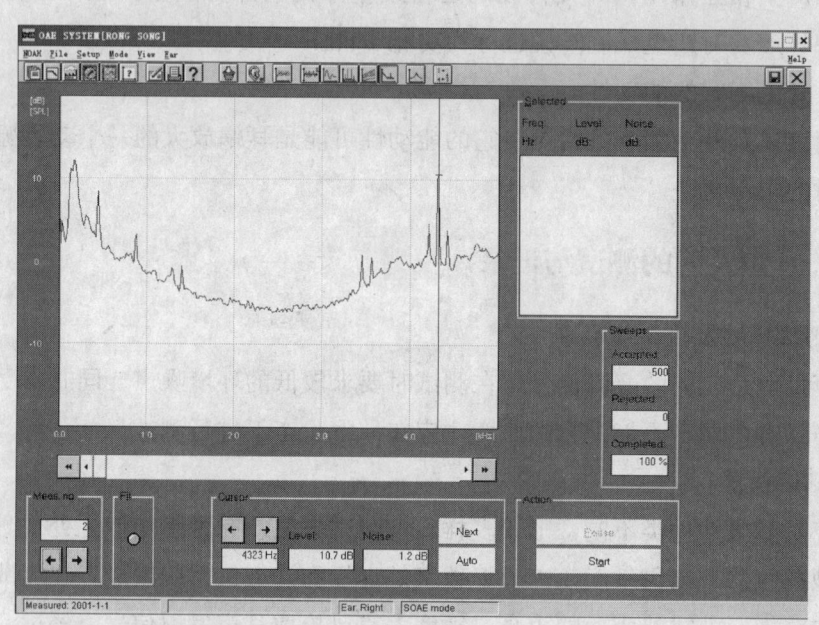

图 1—9　正常听力儿童的 SOAE

4. 瞬态诱发耳声发射的测试

（1）瞬态诱发耳声发射的记录

记录瞬态诱发耳声发射的探头内含有高灵敏度的低噪声微音器和单个微型麦克风。微音器捡拾起的信号经放大和高通滤波（300～500 Hz），然后送至平均仪进行平均叠加（512～2 048 次），以提高信噪比。一般以延迟触发的方法去除记录开始数毫秒内的强刺激伪迹。最后经快速傅立叶变换（FFT）将时域图转换成频域图进行分析。

在记录时，要采取一定的技术消除非耳声发射的伪迹。伪迹是指在测量瞬态诱发耳声发射时，刺激声进入外耳道后被直接反射的回声信号。在瞬态诱发耳声发射的记录中，伪迹是否能得到良好的控制，是决定能否得到清晰灵敏记录的关键。目前通常采用如下方法解决：

1）延迟触发。此法的依据是，刺激伪迹在 5 ms 内完全消失，瞬态诱发耳声发射有 3～5 ms 的潜伏期。因此，在给声后 3 ms 内，外耳道中没有耳声发射信号，通过调整采样的时间窗口，彻底去除记录开始数毫秒内的强刺激伪迹，方法简便。

2) 利用瞬态诱发耳声发射的锁相性和非线性特点进行信号加减处理。先以密相短声刺激并记录一条曲线，再用减低 10 dB 的疏相短声刺激并记录另一条曲线。对刺激伪迹来说，它的变化是线性的，刺激强度下降 10 dB 可使其幅度降低为原幅度的 1/3。但对非线性变化的瞬态诱发耳声发射来说，刺激强度降低 10 dB，并不会使反应幅度降低 1/3，而是大于 1/3。此时，将第二条曲线乘以 3，则两条反应曲线中伪迹幅度正好相等，但相位相反。因此，相互抵消。而第二条曲线中的耳声发射部分大于第一条，虽然相位相反，但并未完全抵消。将两条曲线相加后，会保留下耳声发射信号。

3) 运用带通滤波法减少伪迹。由于信号和噪声具有不同频带，通过去除噪声对应的频率，便可达到在保持信号的同时有效去除噪声的目的。但信号的频带与噪声的频带可能会有重叠，此种方法可能引起信号失真。在瞬态诱发耳声发射的测试中，滤波带通一般选用 300～6 000 Hz，斜率为 24 dB/倍频程。

记录时，仪器将平均后得到的反应信号交替存储在两个缓冲器中，记录完成后对比这两条反应曲线，计算它们的相关率及频阈内信号的功率谱。

(2) 瞬态诱发耳声发射测试结果的判定标准

尚未有统一的标准。一般商用型仪器多从三个方面来判断：信号再生率、TEOAE 强度、信噪比。信号再生率指的是两个缓冲器内的 TEOAE 图形之间的相关性，以百分率的形式显示。具体的判定标准如下：

1) TEOAE 反应的信噪比：3 个以上分析频率的信噪比≥3 dB。

2) 总反应能量≥5 dB（宽频 TEOAE）。

3) 波形总相关率：两套缓冲存储器中的信号重复率≥50%。

一般根据上述判定标准由测试者自主判断是否引出 TEOAE。除此之外，记录仪还会显示在外耳道记录到的声信号，经过 FFT 后可得到频谱图，在这个频谱图中可以清楚地显示出噪声水平和反应信号的总能量（见图 1—10）。整个图形可分成三部分：左侧为反应信号与噪声混合在一起的 FFT 图；右侧上半部自上而下分别为记录在两套存储器中的信号 A 和 B、A＋B 和 A－B（即噪声水平）；右侧下半部分自上而下分别为两套缓冲器中相同频带反应信号的相关性、耳声发射的强度和采样点的信噪比。同时，右侧下半部分的最右侧自上而下分别是总采样数、拒绝数和测试完成百分比。

(3) TEOAE 基本特征

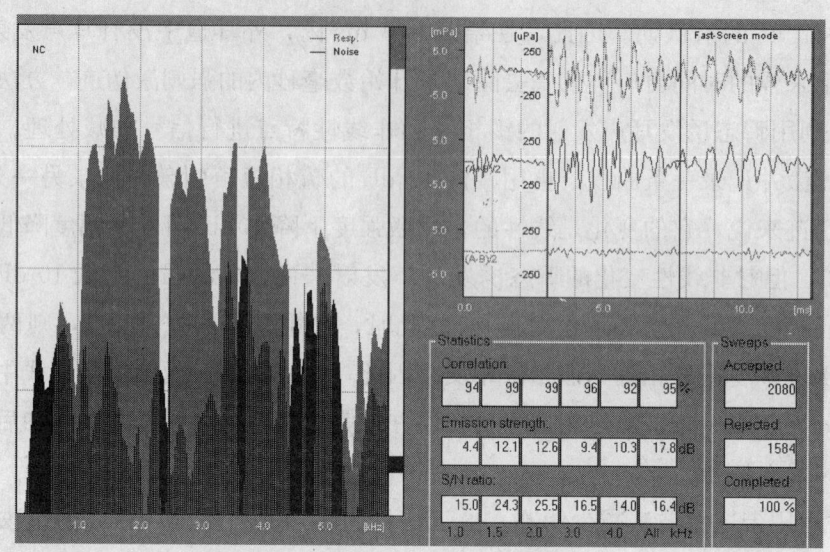

图1—10　TEOAE测试图形

1) 检出率。正常成人检出率接近100%。有研究表明，当年龄大于70岁时，TEOAE检出率下降。但也有研究显示，只要行为听力正常，无论年轻人或老年人，TEOAE的检出率无显著差异。新生儿在出生后3天接近100%，并稳定于该水平。

2) 反应幅值。TEOAE幅值与刺激强度有关，低强度刺激时，幅值呈线性，当刺激强度达一定水平时，反应幅值不再随刺激强度增加而增加，即耳声发射表现出非线性。耳声发射的幅值个体差异较大，一般为－5～20 dB。正常婴幼儿的反应幅值比成人高，这可能与婴幼儿外耳道容积、中耳腔容积均比较小有关。有研究显示，1岁以内婴儿的反应幅值比1岁以上儿童高，儿童的反应幅值比成人高。

3) 频谱。TEOAE的频谱与刺激声种类、滤波设置和分析时间窗有关。宽频谱的短声诱发的TEOAE，频谱范围为0.5～5 kHz，以1～3 kHz频段的幅值和检出率最高，可能与外耳、中耳结构的传导特性有关，呈多谱峰形。频谱窄的短纯音诱发的TEOAE，频率范围较窄，谱峰出现在刺激声的频率附近。由于高频成分潜伏期短，延迟记录时间的设置可以影响高频成分的记录。正常新生儿及婴幼儿TEOAE的平均振幅一般大于成年人，并有更多的高频成分。

4) 潜伏期。TEOAE的潜伏期与反应频率密切相关，即TEOAE的频率越高，其潜伏期越短。Kemp把这种现象称为"频率离散"。TEOAE的潜伏期比理论上行波进出耳蜗的时间要长，有人认为这反映了TEOAE的生物学属性；也有人认为潜伏期并非很长，只是因为起始部分隐匿于刺激伪迹之中，不易识别。到目前为止,还难以准确得出 TEOAE 的潜伏期。

5)持续时间。TEOAE 的持续时间有数毫秒至数百毫秒不等,一般以 20 ms 为标准将其分为两类,即"短" TEOAE 和"长" TEOAE。有研究表明,SOAE 出现率的高低与"短"和"长" TEOAE 有密切关系。

6)反应阈。TEOAE 的检测阈值在正常听力者低于受试者对刺激声的主观感受阈,说明是一种神经前反应。TEOAE 的反应阈与受试者的年龄有一定关系,40 岁以后 TEOAE 的反应阈呈上升趋势,可能与耳蜗功能退化有关。因此,有人提出,可以把 TEOAE 测试结果作为观察老年性聋的敏感指标。

(4) TEOAE 影响因素

1)刺激声强度。在低强度时,TEOAE 的反应幅值随刺激声强度的增加而呈线性增加,当刺激声强度达中等水平(50 dB SPL),增长出现非线性饱和。

2)对侧声刺激。可致反应幅值降低,同时,也可伴有潜伏期的改变。这是受到橄榄耳蜗系统的调控,这种调控的意义尚不清楚。

3)药物、噪声。TEOAE 对耳蜗损害的程度非常敏感,耳蜗的轻微损伤就可以导致 TEOAE 反应幅值下降,甚至消失。使用耳毒性药物或接受短暂的噪声暴露等,都可以使 TEOAE 幅度下降。当感音性聋听力损失达 30～50 dB HL 时,TEOAE 无法引出。

4) SOAE。如果能够引出 SOAE,则 TEOAE 的反应幅值比较高,频谱成分也多。

5)性别差异。女性的 TEOAE 比男性高,右耳 TEOAE 比左耳高,其原因尚不清楚。

5. 畸变产物耳声发射的测试

(1)定义及特点

畸变产物耳声发射是指当耳蜗受到一个以上频率的声音刺激时,由于其主动机制的非线性活动特点,会产生各种形式的畸变,即输出能量包括输入成分以外的频率,统称为 DPOAE。

目前临床常用的 DPOAE 主要使用具有一定频比关系的两个连续纯音对耳蜗进行刺激,所产生的为调制畸变产物,其频率与刺激声(也称原始音,常以 f1 表示其中的低频音,f2 表示其中的高频音)有固定关系,如 2f1—f2、f2—f1,3f1—2f2 等,两刺激音频率关系设定在 f2:f1=1.1～1.5 的范围。DPOAE 的信号出现在与两个刺激声相关的固定频率上,有多个频率成分,以 2f1—f2 处的检出率及反应幅值最高,便于记录,是最常见的 DPOAE。

研究表明，DPOAE起源于其原始音f1和f2之间的某一特定频率区域基底膜的非线性调制，因为f2或f1和f2的几何均数附近的纯音可对2f1—f2的DPOAE产生最大程度的掩蔽抑制，而相当于2f1—f2频率的纯音对该处的DPOAE影响反而不大，从而认为2f1—f2 DPOAE的产生部位，位于f1与f2的几何均数处并靠近f2。2f1—f2 DPOAE的产生部位也可能与刺激强度有关，低强度刺激时，产生部位靠近f2，高强度刺激时，产生部位靠近f1与f2的几何均数处。

（2）记录方法

1) 记录仪。探头内包括两个微型扬声器和一个记录耳道声场的微音器。微音器的输出经放大、滤波后进行模—数转换；对转换后的数字信号进行FFT，显示为频域信息的声功率谱。

2) 刺激声频率、强度及DPOAE的频率。两个原始音的频率分别为f1和f2，两者目前多采用f2：f1=1.22的比例，它们的强度分别为L1和L2。当L1=L2且强度较高时（75 dB SPL或更高），引出的DPOAE幅值最大，但这时的DPOAE主要反映耳蜗的被动活动。为了更好地说明耳蜗的主动精细调节功能，中等强度刺激比较合适，此时采用L1比L2大10~15 dB的强度可以获得最大幅值的DPOAE，临床多用L1/L2=65/55 dB SPL。引出DPOAE的频谱遵循f1+n（f1—f2）或f2—n（f1—f2）规律出现（n为整数），表现为类似纯音的窄带谱峰。

3) DPOAE的判定标准。将外耳道记录到的声信号进行快速傅立叶转换（FFT），以2f1—f2周围连续数个采样点的平均值作为本底噪声，以高出本底噪声3dB为确认出现DP的标准，或者以DP值高出本底噪声2个标准差确认出现DPOAE。

4) 健听者的DPOAE的特性。健听者的检出率接近100%，不同的实验室报告略有差异，可能是设备及技术不同导致。频谱范围为0.5~6 kHz，幅值比初始纯音低60 dB左右。反应阈在很大程度上受记录系统及环境噪声水平的影响，在噪声控制好的情况下，反应阈可接近听阈。逐渐改变原始音强度，将不同强度时得到的DP值记录并连接起来就得到输入/输出曲线，它可以很好地反映DPOAE的非线性；以f1和f2的几何均数作为横坐标，纵坐标为DPOAE的强度，记录到的多组2f1—f2值，就构成DPOAE听力图。根据需要选择相邻频率点的间隔，不必拘泥于倍频程或半倍频程间隔。DPOAE听力图可以使人一目了然地了解各频段以DPOAE为代表的耳蜗主动机制的功能情况。

5) 对侧声刺激对DPOAE的影响。对侧耳给声时，会降低记录耳的DPOAE幅度。

6）与纯音听阈的关系。当纯音听力在 15 dB HL 以内时，可以引出正常幅值 DPOAE；当听力下降达 40 dB 以上时，不易记录到 DPOAE。并且 DPOAE 能否引出 DPOAE，并不单纯取决于纯音听力的损失程度，还与耳聋的部位有关。

正常听力儿童的 DPOAE 如图 1—11 所示。左侧为 DPOAE 听力图；右侧上半部为 FFT 结果，可以看到刺激纯音和 DP 的频谱；右侧下半部分别显示 DP 值、信噪比、噪声强度和完成测试情况。

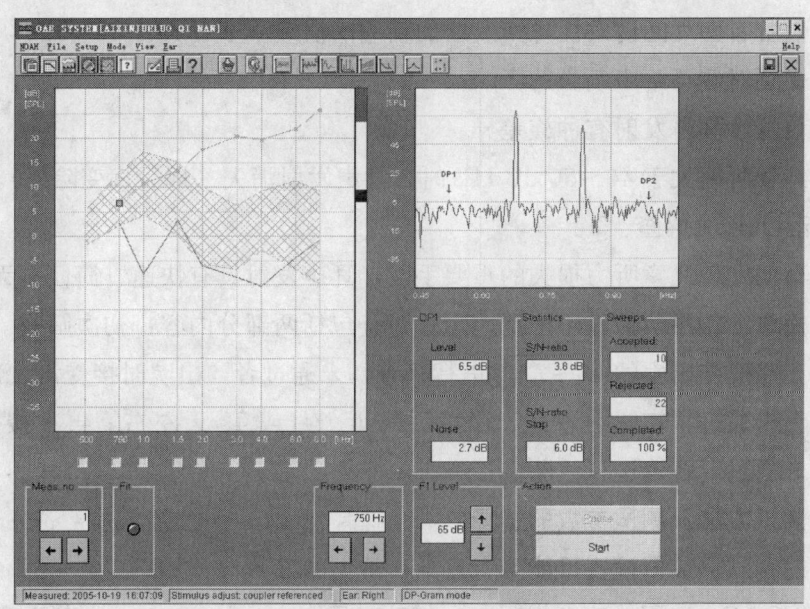

图 1—11　正常听力儿童的 DPOAE

（3）DPOAE 的影响因素

1）年龄。新生儿的 DPOAE 幅值高于儿童和成人，但成人随年龄增长幅值变化的结论并不一致，幅值是否降低还要看听力有无下降。有研究显示，即使是正常听力，老年人在 6 000 Hz 和 8 000 Hz 处的幅值要比年轻人低。

2）性别及耳别对 DPOAE 无显著性影响。

3）药物及噪声。许多药物对 DPOAE 有影响，包括利尿酸、氨基糖甙类抗生素、阿司匹林等。但观察发现，药物对 DPOAE 的作用在某种情况下小于对其他形式 OAE 的作用，而且这种作用与所用的刺激声强度有关，当使用低强度刺激时，这种作用更为显著。这些药物均使 DPOAE 的反应幅值降低。噪声同样可以使 DPOAE 的反应幅值降低，其程度和持续时间取决于噪声的性质、暴露的持续时间和强度，并与耳蜗组织形态学改变一致。

四、耳声发射的临床应用

1. 耳声发射的临床特点

(1) 取决于耳蜗整体功能的完整，与外毛细胞功能密切相关。

(2) 受外耳和中耳功能影响。

(3) 健听者的耳声发射无明显两性差异。

(4) 健听者两耳间诱发性耳声发射的反应阈值差小于 10 dB。

(5) 受到对侧耳给声刺激的影响。

(6) 自发性耳声发射有种族差异。

(7) 纯音听阈大于 40~50 dB HL 时，耳声发射消失（蜗后病变除外）。

2. 新生儿听力筛查

作为早期发现儿童听力损失的重要手段，耳声发射具有快速、简便、无创、灵敏及操作简单等特点，被临床广泛应用。筛查包括两部分内容：初次筛查（初筛）：正常新生儿一般在出生的 48~72 h 进行筛查，未通过者，出院时接受第二次筛查。复筛阶段：未通过"初筛"者，于出生后的 1 个月或 42 天左右需再次接受 OAE 测试，仍未通过者转诊进行诊断性检查。

(1) 测试方法及测试参数的选择

不同的测试仪参数设置可能略有差异，常见的参数设置如下：

1) TEOAE：选用快速筛查程序。刺激声是短声，脉宽 80 μs；刺激声的构型为非线性短声，即由 3 个等幅值的同相位短声和一个相位相反、但振幅是前者 3 倍的短声构成刺激短声；刺激速率 80 次/s；声强通常为 80 dB SPL 左右；信号叠加次数为 50~260 次；测试结果时阈显示；扫描时间 12.5 ms；信号延迟 2.5 ms。

2) DPOAE：初始纯音 $f_1/f_2=1.22$，刺激声强多采用 $L_1=65$ dB SPL，$L_2=55$ dB SPL，或者 $L_1=L_2=55$ dB SPL。频率范围 0.5~8 kHz。

(2) 通过标准

尚无统一标准，一般按照下列标准：

1) TEOAE：两套缓冲器中的信号重复率≥50%，总反应能量≥5 dB SPL，5 个分析频率有 3 个以上信噪比≥3 dB。

2) DPOAE：测试 1 kHz、2 kHz 和 4 kHz 3 个频率，两个原始音强度分别为 65 dB、55 dB，通过标准为三个测试频率的信噪比均≥5 dB。

(3) 新生儿 OAE 测试的注意事项

1) 环境噪声的控制。作为听力筛查，OAE 的测试不需要在隔声室中进行，只需将测试环境的噪声水平控制在 40～50 dB（A）以下。

2）测试探头的放置。测试过程中，探头与外耳道应耦合严密，其尖端小孔正对鼓膜。

3）设备的校准。具体操作方法和要求是，将连接耳声发射仪的探头插入检测管中，运行 DP 图程序，在 DP 图中不应有可见的畸变产物现象，即使出现瞬时的畸变产物，其能量也不应该大于－5 dB，且经过信号的连续叠加，最终应在 DP 图中消失，否则应予以调整。

4）一般在出生后 48 h 开始检测，测试前应先检查外耳道，清理外耳道，尽量排除外耳和中耳的病变。

5）新生儿测试状态。为使结果准确快速，新生儿应处于安静或睡眠状态。检测时间多选定在午后新生儿进食入睡后进行。

6）既可使用瞬态诱发耳声发射，也可使用畸变产物耳声发射。其结果都是以"通过"（Pass）或"待查"（Refer）表示，无法判断其听阈。它们的敏感度和特异度略低于 AABR，即 OAE 的假阳性率略高于 AABR。正因为有一定的假阳性率，当采用 OAE 进行筛查，结果显示为"待查"时，可能是由于仪器和/或受试婴儿两方面的原因引起，未通过筛查并不意味着听力损失。在未做更准确的 ABR 测试和行为测听之前，无法确切知道其听力情况。另外，一部分受试婴儿听损伤范围恰在测试频率之外，其结果可能出现假阴性。因此，当听力筛查结果为"通过"时，也不能完全肯定其听力没有问题。因为当前听力正常，不能排除进行性和迟发性听力障碍。还有的家族性、遗传性听力损失发生于学龄期或更晚。这就需要多方密切配合才有可能早期发现。需要明确指出的是，在现有技术水平上，OAE 技术只能作为一种筛查方法，而不是一种听力学诊断手段。

3. 听神经病的诊断

20 世纪 90 年代发现的"听神经病"是一种特殊的耳聋，主要表现为严重听神经功能及脑干功能障碍，耳蜗功能正常，主观听力检查为轻度至中度听功能障碍，ABR 严重异常或不能引出。这种主观—客观听力矛盾的现象，到目前为止尚难以解释，可能与听神经纤维脱髓鞘有关。该病有以下共同特点：

（1）双耳听力下降，言语识别率常不成比例地低于纯音听阈。

（2）纯音听阈呈轻度、中度听力损失，以低频为主，并呈现明显的个体差异。

（3）鼓室图 A 型，镫骨肌反射消失。

（4）诱发性耳声发射多正常或轻度改变，同时微音电位也多正常。

（5）听性脑干反应引不出反应或仅能引出潜伏期延长、波幅很低的波Ⅴ或波Ⅰ。

(6) 影像学检查多无异常，有少数病例报告有内听道狭窄。

听神经病发病率较低，发病年龄主要集中在 3 岁以前的婴幼儿和 10～20 岁的青少年。关于婴幼儿听神经病的发病，国外学者报告在婴幼儿中的发病率占听力减退高危新生儿的 0.23%，国内报告最低确诊年龄为 28 天。这类听力损失的婴幼儿，用 OAE 筛查时可以通过，但用 AABR 筛查就不能通过。一般情况下，这类婴幼儿对声音的反应较好，在婴幼儿期很难被发现。因此，有学者强调，对于具有听力损失高危因素的新生儿，最好采用 OAE 和 AABR 联合进行听力筛查，并应跟踪随访复查，进一步检测复诊，做到早期诊断，早期干预。

对于此类聋儿的干预策略，应该配戴助听器并进行语训，但并非所有此类儿童的语训效果都满意。

4. 药物及噪声损伤的听力学监测

(1) 耳毒性药物

耳毒性药物是指该类药物的毒副作用主要损害第Ⅷ对颅神经（位听神经）。已知的耳毒性药物有近百种，其中顺铂、氨基糖甙类抗生素的耳毒性在临床上最为常见，这些药物无论是全身还是局部应用，均可以经过血液循环进入体内损害听觉系统。为减少耳毒性药物的副作用，指导临床的合理用药，进行用药者的听力学检测是必要的。

(2) 噪声

正常听力者在噪声暴露后纯音听阈提高时，TEOAE 振幅下降，可引出 OAE 的频率范围变窄。由于耳声发射的变化先于纯音测听等主客观测试，且这种变化发生于耳蜗毛细胞尚未出现形态学变化之前，并且由于耳声发射具有测试反应客观、准确、可重复性强及测试时间较短等优点，所以，运用这种手段对接触噪声人群进行大规模筛查和监测具有实际价值。

5. 老年性聋的研究

老年性聋是指由于年龄增长导致听觉器官衰老、退化而出现的双耳对称、缓慢进行性的感音神经性听力减退，是自然老化的过程。对老年人进行测听检查的目的是了解其听功能状态，排除传导性和其他因素所致的感音神经性（蜗前性和蜗后性）听觉障碍，了解其听觉感受言语的能力，并根据测试结果制定合理的康复措施。利用耳声发射对老年人进行耳蜗高频区功能监测，发现耳声发射的检出率、幅值随年龄的增加而逐渐降低，这一特殊的研究方法对探讨老年性聋的发生和发展有更多的实用价值。

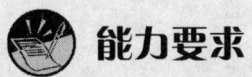能力要求

诱发性耳声发射操作

一、工作准备

1. 连接测试设备

当前多数商用型测试仪都是通过 USB 接口与计算机相连，在计算机上进行测试操作。每次测试前应确认主机电源已接通，USB 接口通畅。

2. 检查设备功能状态

查看开机后电源指示灯是否显示正常，点击测试软件快捷方式能否顺利进入测试程序。如果两者均为正常，则可以开始测试。否则，应重新检查设备的连接是否正常。

二、工作程序

1. 设置测试用各项参数

（1）瞬态诱发耳声发射

刺激声为短声或短纯音，前者持续时间为 80 μs，强度为 80 dB SPL，频率范围为 1~4 kHz。后者具有频率特异性。给声速率为 80 次/s 或 50 次/s。TEOAE 的图形为时域图，延迟触发时间为 3~5 ms，持续时间约为 15 ms。

（2）畸变产物耳声发射

初始纯音 $f_1/f_2=1.22$，刺激声强多采用 $L_1=65$ dB SPL，$L_2=55$ dB SPL。或者 $L_1=L_2=55$ dB SPL。频率范围 0.5~8 kHz。

2. 完成测试的条件

由于耳声发射是在外耳道内记录到的音频信号，极易与耳道内的噪声相混淆或被掩盖。其强度很低，多为 -5~20 dB SPL，过强的环境噪声将影响耳声发射的记录。为了最大限度地减少噪声的影响，在记录耳声发射时，有如下要求：

（1）控制环境噪声

记录耳声发射时的环境噪声尽量控制在 40 dB（A）以下。一般来说，测试最好在隔声室进行。

（2）受试者状态

受试者应取舒适体位，尽量保持安静和平静呼吸，避免活动和吞咽等动作。对

不合作的儿童可使用镇静催眠剂，这不会影响测试结果。

（3）防止摩擦噪声

连接探头的电缆应避免与受试者身体或其他物体摩擦产生噪声。

（4）排除电、声干扰

应注意去除电干扰，注意仪器的电屏蔽和机壳的接地。采用带通滤波、平均叠加和锁相放大等技术进一步处理信号。

（5）正确摆放探头

测试过程中，探头应密闭置于外耳道，其尖端小孔正对鼓膜。值得注意的是，不要使麦克风或扬声器的孔道堵塞。常规的耳声发射记录设备一般带有探头检查程序，应在开始检查前运行该程序，确保探头在耳道内耦合正确。检查测试中也应间断重复使用该程序以检查探头位置是否发生变化，防止因探头移位影响记录结果的准确性。测试前要清理外耳道，要求受试者保持安静放松，不能做吞咽及咀嚼动作，平静呼吸。不能配合的儿童应在入睡后测试。如果是家长怀抱儿童，一定要使儿童的身体处于比较舒展的状态，以避免因体位不适导致的呼吸粗重。

3. 进入测试程序

进入瞬态诱发耳声发射或/和畸变产物耳声发射测试程序（具体步骤见第2节"三、耳声发射的测试与记录"部分内容）。

4. 记录、分析测试结果

按照各种商用型测试仪的操作要求分步骤完成测试并出具报告。

三、注意事项

1. 测试环境

耳声发射的音频能量较低，因此要求在相对安静的环境中进行测试。

2. 防止人为噪声干扰

避免受试者及陪同人员产生的声响，如衣物摩擦、呼吸过重等。因此要求受试者和陪同人员应保持安静，避免噪声干扰。

3. 探头的位置

为了获得更多的音频能量，应正确放置探头，使其正对受试者的鼓膜，避免耵聍以及外耳道壁对测试准确性的影响。

4. 正确看待耳声发射的结果

耳声发射只是进行听力筛查的手段之一，不能作为听力测试的唯一依据。

【案例】男童，7岁，因对言语反应迟钝就诊。经询问病史得知，既往对声音反应正常,言语发育正常,个别音不够清晰,但近段时间家长感觉男童对言语不能理解。纯音检测,双耳在 1 kHz 以上频率听力基本正常,但 1 kHz 以下频率为 50 dB左右,声导抗测试显示,双耳鼓室导抗曲线均为"A"型,但镫骨肌反射没有出现。进行双耳 DPOAE 测试,各采样点 DPOAE 幅值正常(见图 1—12)。进行 ABR 检测,双耳 80 dB nHL 未引出任何波形(见图 1—13)。

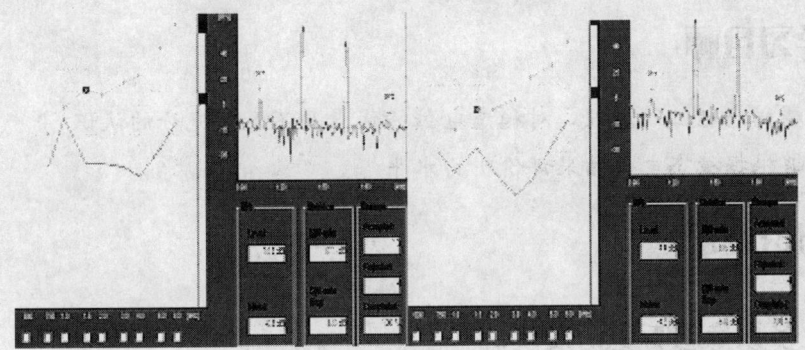

图 1—12　双耳 DPOAE 测试结果均正常

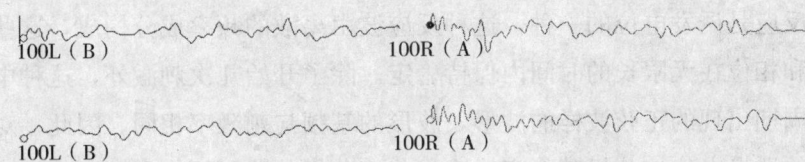

图 1—13　ABR 结果显示双耳 100 dB(nHL)无反应波

根据上述检查结果,该男童的诊断结果是双侧听神经病。

思 考 题

1. 简述耳声发射的种类及特点。
2. 简述畸变产物耳声发射测试过程。
3. 如何判断耳声发射的结果?
4. 简述耳声发射测试的注意事项。
5. 简述老年性聋的耳声发射特点。

第3节 其他听觉诱发反应测试

 学习目标

➢ 了解稳态电位的原理，对稳态电位的优点及不足有充分的认识
➢ 能够根据稳态电位结果评价听力水平

 知识要求

一、多频稳态听觉诱发反应

1. 定义及产生机理

（1）稳态反应的定义

稳态反应是诱发电位的一种，这种反应波由离散的频率成分构成，这些频率成分的振幅和相位在无限长的时间内保持稳定。除了开始几次刺激外，这种电位是一种类似于周期出现的正弦波样的波形，波形的基频与刺激率相同。因此，对于这种重复出现的诱发电位，分析其频率构成成分比分析其波形更加全面。

（2）稳态反应的类型

不同刺激率的刺激声（或不同调制率的调制声）可以诱发不同的听性稳态反应。Galambos（1981）报告了40 Hz稳态反应（或40 Hz听觉相关电位），用短音作为刺激声，刺激率在40次/s时可以记录到明显的反应波，这种反应的阈值接近于行为听阈，但反应波的振幅随睡眠、麻醉而降低。Rickards和Clark（1984）证实，听性稳态反应可以由多种不同调制率的调幅音引出，反应振幅随调制率增高而降低。Kuwada（1986）研究指出，用40 Hz调制率的调幅音作为刺激声，可以引出较高振幅的反应波，但受睡眠影响；当调制率为80 Hz时，引出的反应波振幅较低但不受睡眠影响。因此，他认为这两种调幅音引发的反应来自不同的部位，前者与40 Hz稳态反应同源，后者的发生源在脑干。Picton等（1987）报告，运用2~5 Hz调制率的调幅音，或3~7 Hz调制率的调频音，均可以引出稳态反应，但调制率达30~50 Hz时反应最稳定，而且反应波振幅随着刺激声强度增强而增加，相位延迟降低。Cohen等（1991）报告指出，对于清醒受试者，无论是调幅音或者

调频调幅音，45 Hz 调制率引出的反应波振幅最高，而且调频调幅音引出的反应波要比单纯调幅音引出的高。在睡眠状态下，当载频为 250 Hz、500 Hz 和 1 000 Hz 时，45 Hz 和 90 Hz 两个调制率可以引出高反应波；载频为 2 000 Hz 和 4 000 Hz 时，调制率在 70 Hz 以上可以引出高振幅的反应波。所以，当测试睡眠状态下的受试者时，应采用 70 Hz 以上调制率。由此可见，听性稳态反应作为一种听诱发电位的名称，包含了多种测试方法。

(3) 多频稳态反应

进入 20 世纪 90 年代以来，越来越多的研究集中在用 70～110 Hz 的调幅音或调频调幅音作为刺激声，来记录稳态反应。因为 Cohen 及多位学者的报告证实，睡眠不影响这个范围的调制率引发的稳态反应。开始的研究都是采用单频调幅音刺激进行，对测试方法的命名也多种多样，如"调幅音稳态反应""调制率跟随反应""正弦调幅稳态反应""80 Hz 稳态反应"等。Lins 和 Picton（1995）首次提出，用多个不同的载频和调制率的调幅音同时记录稳态反应；John 等（1998）对这种方法进行改进，并命名为 MASTER（multiple auditory steady-state responses），也有学者将其命名为"Multi-frequency steady-state responses"。这就是国内"多频稳态反应"名称的由来。多频稳态反应是指可以同时给予多个频率的刺激声，来记录听性稳态反应的测试方法。

最近几年，国外的相关文献多把这种多频稳态反应称为听性稳态反应（ASSR），这种称谓的优点是范围广，包括所有听性稳态测试方法。

2. 用于测试的刺激声特点

从国外大量的文献资料来看，目前多采用调幅音或调频调幅音作为刺激声来记录 ASSR；国内商用测试仪中有采用短纯音作为刺激声的机型。

(1) 调幅音的构成和频谱特点

调幅音由两个持续的纯音（正弦波）构成，高频纯音作为载波，低频作为调制波，载波的振幅随调制波的周期波动。调幅音的频谱是载波频率和载波频率±调制波频率。目前，商用型稳态反应测试仪一般采用调制率为 70～110 Hz 的调制波以及载波频率为 0.5 kHz、1 kHz、2 kHz 和 4 kHz 的持续纯音（见图 1—14、图 1—15、图 1—16）。

调幅音的数学表达式为：

$$a \times \sin(2\pi f_c t + \theta_c) \times [m \times \sin(2\pi f_m t + \theta_m) + 1]/(1+m)$$

式中　a——载波的振幅；

m——调制程度（0.0～1.0）；

θ_c 和 θ_m——两个正弦波的相位。

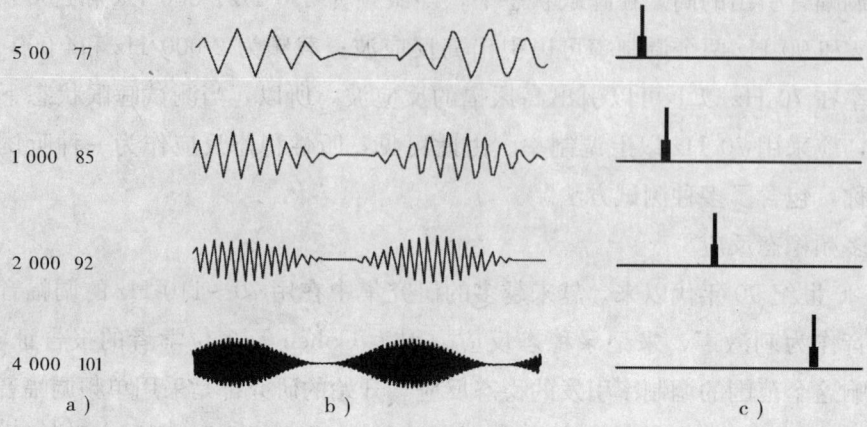

图 1—14　四个常用正弦调幅音的载波频率及调制率、调幅音波形及频谱
a）载波频率及调制率　b）调幅音波形　c）调幅音的频谱

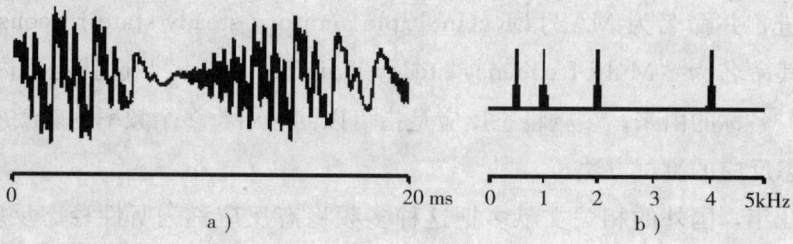

图 1—15　四个调幅音合成后的波形及其频谱
a）四个调幅音合成后的波形　b）四个调幅音合成后的频谱

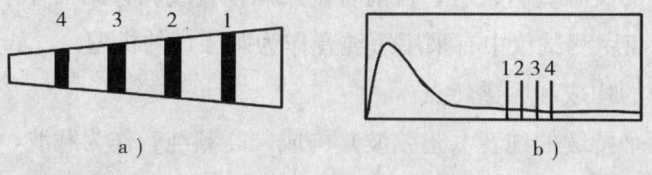

图 1—16　多频刺激对基底膜的作用部位以及产生的反应
a）多频刺激对基底膜的作用部位　b）多频刺激对基底膜作用产生的反应

（2）调频调幅音的构成和频谱特点

与调幅音一样，调频音也是由两个正弦波合成，载波的频率和振幅同时随调制波的周期变化，常用的是频率变化10%，而振幅变化为100%。它的频谱特点是比调幅音有更多的侧带，频谱要比调幅音宽（见图1—17）。

无论是调幅音或调频调幅音，其能量分布都是集中在载波频率周围，属于窄能

 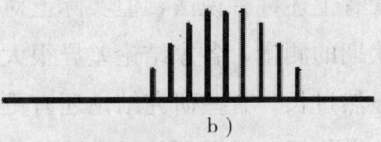

图1—17 调频调幅音的波形及频谱
a) 调频调幅音的波形　b) 调频调幅的频谱

量谱声音，对基底膜的刺激范围较窄；调制波频率处的能量微不足道，但听觉系统却可以很好地辨别出调制波的信息，所以，调制声是易于控制的复杂声。

(3) 听性稳态反应的产生原理及发生源

稳态反应可以在多种刺激条件下出现，调幅音诱发的听性稳态反应的发生原理主要有以下几个方面：

1) 毛细胞对声刺激产生去极化和超极化，只有去极化时听神经才会产生动作电位。因此，耳蜗对刺激声有一种检波效应，检波的结果导致听神经动作电位的频率与调制率相同而与载波无关。由于调幅音的能量是集中在载频与其谐波频率（载频±调制率）处，所以，一旦出现了与调制率频率相同的反应波，说明耳蜗听到了调幅音，即对载波和载波±调制率这一频段处敏感的基底膜，感受到了声刺激。

2) 听神经对低频正弦波刺激有相位同步现象即"锁相"。由于采用的刺激声为低频正弦调幅音，其包迹类似于正弦波，因此，也可以引出听神经的锁相反应。

3) 在耳蜗核，有对调幅音特异敏感的细胞，它们与听神经的传入纤维有某些相似的特点，即显示出初级频率分析作用，能够辨认分析带宽内的调制包迹，这种对调幅音的特异反应在不同刺激强度表现不同：低强度刺激时，这些神经表现出低通反应，对上限以下的所有调制率产生反应；随着刺激强度增加，反应变成对某些频率有特异性，类似于带通作用；当刺激过强时，反应开始失真。

4) 在下丘的中央核也有对调幅音特异反应的神经元，它们的反应对调制率有特异敏感性。但是，这种反应并非是对调幅包迹的完全复制。在内膝体，一些神经元只对调制率反应而与载波无关，在这一水平，当多个调制音同时刺激时，调制率之间如果频率过于接近，可导致不同调制音引出的反应互相影响。

5) 在ABR中，反应波包含快和慢两种成分，波Ⅰ～波Ⅶ均主要由快成分构成，在波Ⅴ中有部分慢成分。慢相负波（N10）的峰潜伏期为10～12 ms，这些慢成分的能量谱在100 Hz左右。随着刺激率增加以及滤波设置的差异，瞬态反应波中的快成分均被剔除而慢成分被保留下来，当刺激率达到80～110次/s时，这些慢成分就会产生叠加而形成周期性反应。

尽管有上述种种说法，但实际上对稳态电位的发生源并不十分清楚，尤其是对反应潜伏期的测量，各家结论差异很大，但大多认为在 12 ms 以上，这对于脑干反应来说显然过长；有些研究结论还有更大差异。产生这种现象的原因可能是因为稳态电位的潜伏期测量需要从反应波的相位着手，而相位测试容易出现误差。另外，更大的可能是，因为这种反应的发生源分布于从耳蜗到较高位中枢的多个部位，并没有哪一个部位占主导地位，因此，Picton 认为反应通路是由多突触联系构成。从反应不受睡眠影响这一点看，其产生部位在脑干，这一观点目前已得到公认，所以，这种稳态反应也被称为"脑干稳态反应"。Herdsman 等应用 47 导电极，记录 12 Hz、39 Hz、88 Hz 调制率、1 000 Hz 载频的调幅音分别诱发的稳态反应，结果显示，12 Hz 的调幅音引出的 ASSR 非常难以辨认；39 Hz 调幅音的 ASSR，从脑干到皮层均有反应产生，反应波振幅高，受睡眠影响；88 Hz 调幅音的 ASSR 主要由脑干产生，且反应波振幅比 39 Hz 引出的低很多，但不受睡眠影响；Kuawada 通过动物实验证实，低于 80 Hz 的调制率引出的反应主要来自皮层，大于 80 Hz 调制率引出的反应来自桥脑、中脑以及上橄榄复合体和耳蜗核。

相对于临床应用性研究，对 ASSR 发生源的研究报告要少得多，所以，对其反应本质的理解还不够清晰，有关其产生机理方面的研究工作还有待进一步深入。

上述论点均是以调幅音作为刺激声的研究成果，用调频调幅音（mixed modulation，MM）作为刺激声，引出反应波的振幅高于单纯的调幅音刺激。但这种刺激反应发生源的解释更加复杂，相关研究报告较少。实际上，这种混合调制音诱发的反应是调幅音和调频音单独诱发的反应进行矢量相加所致。因此，这种 MM 音引发的反应波振幅较高，检出容易，反应阈值与行为阈值差异较小。所以，目前也有不少研究成果。

3. 记录分析方法及测试参数设置

记录电极的连接与 ABR 相同，根据单耳或双耳同时刺激可有区别。极间电阻 <5 kΩ（10 Hz）。带通滤波 10～300 Hz（6 dB/倍频程），伪迹剔除 $>\pm 40$ μV。放大器的增益为 1×10^5，16 位 AD，CMRR 100～120 dB。可以通过类似于瞬态诱发电位的记录方法，即利用平均叠加技术进行降噪，然后在时域中显示出反应波形进行分析。但当 ASSR 的刺激声为调幅音（调频调幅音）时，反应波的频率与调制率相同，所以，常用的分析方法是在频域中进行，即分析反应波的频谱成分。这就需要对引出的反应波进行傅立叶转换，将反应波形由时域图转换成频域图。目前这一过程都是由计算机进行的快速傅立叶转换（FFT）来完成。经 FFT 处理后，由电极引出的反应波被转换成不同频率的正弦波（或余弦波），通过对各个正弦波振幅及相位的分析，来判定是否出现反应。

以 MASTER 测试程序为例，放大器的模—数转换（AD）设定为每调制周期得到 8 个样本，每次记录共有 1 024 个调制周期，样本数为 8 192 个，将它们分为 16 个部分（512 个样本）分别进行 FFT。反应波既采用时域中的平均技术，又采用频域中的增加傅立叶数据分析时程的方法降噪。平均后的信号经 FFT 将原始的振幅—时间波转换成连续的具有特定频率的余弦波（初始相位为余弦），每个余弦波有自己的振幅和相位。实际上，FFT 是将原始的振幅—时间反应波转换成一系列复数，这些代表着不同频谱的复数在 X—Y 坐标中是一个矢量，振幅 A 是矢量的长度，相位 θ 是矢量相对于 X 轴逆时针旋转形成的夹角，$A=(X+Y)^{1/2}$，$\theta=\arctan(Y/X)$。FFT 的分辨率是 $1/(Nt)$，式中的 N 是每次扫描记录的时间点的数量，t 是时间点之间的间隔。当扫描记录时间足够长（N 很大）时，这种分辨率就非常高，保证了相邻频率点之间互不干扰；MASTER 测试系统的 FFT 分辨率为 0.082 93（0.083）Hz，即 FFT 每相邻位点的间隔为 0.083 Hz。

采用 F 检验统计方法来计算信号幅值与相邻脑电噪声水平的差异，信号的频率就是调制率，脑电噪声是计算信号频率上下各 60 个 FFT 位点的平均能量水平。当信号频率处的能量明显高于脑电噪声能量时（$p<0.05$），说明有反应波出现。

上述过程由计算机通过特定计算程序自动完成，所以，ASSR 克服了由于测试人员技术差异导致的结果分析误差。在多频同时刺激时，对每一个载波频率，设定一个调制率，这时产生的与调制率相同频率的多个反应波，就意味着听到了不同载波的调幅音（或 MM 音）。

但到目前为止，ASSR 分析过程的数理统计运算方法并不统一。另一种较常见的结果分析方法是进行相位一致性分析（phase coherence，PC），即反应波的相位均比调制波相位有一定的延迟，这种延迟在反应波中表现出一致性；PC 值越接近 1，说明所记录到的脑电波中相同相位波的数量越大，出现反应的可能性越大。

经过 FFT 处理后的数据变成了二维数据，因此，在记录 ASSR 时需要通过复杂的数学运算，对数据的统计处理方法除上述两种外，还有报告显示用其他统计处理方法。但分析处理的对象就是反应波振幅和/或反应波相位。Valdes 等对常用的几种统计方法进行了比较，认为在结果的判定上无显著差异。但 Picton 认为，既考虑振幅又考虑相位的处理方法更好。这种统计处理方法不统一，给 ASSR 的临床应用带来了一些问题，导致不同测试仪得到的测试结果有一些差异。

4. 临床应用

（1）ASSR 临床测试条件

作为听诱发电位的一种，ASSR 测试的临床操作步骤与 ABR 测试时很多方面完全相同，如对病人的要求、皮肤的准备、电极的连接、耳机的放置等，不同之处在于测试软件方面的差异，主要有滤波的设置、刺激声、测试结果判定等。

1）刺激声。无论调幅音或调频音，载波频率多选择相差一个倍频程的持续纯音，如 0.5 kHz、1 kHz、2 kHz 和 4 kHz 四个测试频率；调制波频率范围为 70~120 Hz，每个调制波之间要求频率相差 5 Hz。调幅深度为 100%，调频范围 10%~20%。

2）滤波范围为高通 10 Hz（或 30 Hz），低通 300 Hz。

3）放大器增益 10^6，共模抑制比（CMRR）120 dB。

4）电极连接。当单耳给声刺激时，电极连接同 ABR 测试；如果采用双耳同时给声刺激，则电极连接方式为：颅顶为记录电极，枕部为参考电极，颈部为接地电极。

(2) 测试顺序

只要是测试软件设定允许，首先选择多个频率刺激同时进行（一般是 500 Hz、1 000 Hz、2 000 Hz 和 4 000 Hz 四个频率）。如果没有受试者的听力资料，就先给 40 dB HL 的刺激声；如果对其听力有一定了解，就给合适强度的初始刺激。不应该在一开始就给过高强度的声刺激，因为多频声的响度较大，如果刺激声强度大，可能把受试者惊醒。在测试过程中，如果四个测试频率出现反应的时间相差不大，说明其听力损失各个频率相差不大，听力图可能较为平坦，就可一直采用多频刺激，直到完成测试。如果不同频率出现反应的时间相差较大，或反应波振幅相差较大，则有可能为各个频率之间的听力损失相差较大，为非平坦型的听力图构型，此时最好分频测试。这种分频可以是单个频率或两三个频率同时测试。

当在任一强度刺激不能引出反应时就结束测试，反应阈值是出现反应的最低刺激强度。

(3) 结果记录

与前述 ABR 的分析方法不同，ASSR 测试由测试仪自动判定是否出现反应，只记录反应阈值，不分析出现反应的时间。当接近反应阈值时，出现的反应可能会时隐时现，不太稳定，这是正常现象。还有某些频率会出现高强度刺激时没有反应，但刺激强度降低却出现反应。为了保证得到的测试结果准确，在阈值强度要重复刺激，能够重复上的反应是真正的反应。

(4) 测试时应注意的问题

当测试听力正常者、多频同时给予声刺激时，刺激强度不能高于 60 dB SPL，否则频率特异性将降低；当相邻两个频率听阈相差较大时，此时如果多频同时刺激，也可导致频率特异性降低。混合调制音引出的反应波振幅要比单纯调幅音高，因此可以加快测试速度；调频调幅音的频率特异性要低于单纯调幅音，但并没有研究报告比较两种刺激声的频率特异性差异。目前将这两种刺激声诱发的稳态反应都作为有频率特异性的测试结果。

（5）测试结果

1）气导耳机给声的测试结果。ASSR可以准确地预测受试者的行为听力已被很多研究报告证实，在常用的四个测试频率中，反应阈值与行为阈值的差异，除500 Hz外，与ABR的行为—反应阈差值接近。通过行为阈值与ASSR反应阈值的相关性研究，不同的研究人员报告的相关系数为0.7～0.98；将ASSR与短纯音诱发ABR进行比较，除0.5 kHz外，各个测试频率的相关系数都在0.9以上；ASSR在2 kHz的反应阈值与短声诱发ABR反应阈值的相关系数高达0.97。所以，ASSR测试可以准确地应用于临床听力学评价。对于正常人，0.5 kHz处的反应阈值为30～40 dB HL；在1～4 kHz为20～30 dB HL。也有研究人员在新生儿听力筛查中应用了ASSR测试，综合多位研究人员的结果，对于新生儿，500 Hz处60 dB HL以下出现反应，1 000～4 000 Hz处50 dB HL以下出现反应就是正常结果。

在听力损失人群中进行的研究证实，即使是ABR测试不能引出反应者，有相当一部分在ASSR测试中在某些频率引出反应。这是因为ASSR是分频测试，对基底膜的刺激范围窄，而且刺激声是持续声，强度较高。Herdman测试了一组感音神经性聋，即使他们的纯音听力是陡降型，ASSR的测试结果也很好地印证了他们的实际听力状况。Swanepole等报告在重度和极重度聋的儿童中，ASSR的反应阈值与他们的行为听力之间的相关系数为0.58～0.74，1 000 Hz处最高，500 Hz处最低。还有不少研究人员报告了应用ASSR来测试聋人或聋儿，都获得了满意的结果。因此，这种测试在预测行为听力方面具有独特的临床应用价值。需要指出的是，不能过分强调ASSR刺激强度高的价值，因为在这么大强度刺激时无正常的研究结果作基础，对反应的解释会有欠缺，而且高强度刺激可能导致有假反应或前庭电位出现。有研究报告显示，当调幅音的刺激强度达120 dB HL才引出ASSR时，其重复率不高。

表1—7是国内外不同研究人员报告的正常听力人群ASSR的反应阈值，不同研究人员的结果有一定的差异，导致这种差异的原因有测试对象、受试者的测试状态、测试仪不同等。总体来说，正常听力者的反应阈值在30 dB HL，但有报告显示，一旦受试者睡眠后，反应阈值降低。表1—8是不同研究人员报告的ASSR反

应阈值与行为听阈的差异，可以看出，这种差异很小，尤其在耳聋患者中，两种阈值的差异在 10 dB 左右。

表 1—7　　国内外不同研究人员报告正常听力 ASSR 的反应阈值　　（dB HL）

报告者	0.5 kHz	1 kHz	2 kHz	4 kHz
Lins 等	39±10	29±12	29±11	31±15（成人）
	45±13	29±10	26±8	29±10（婴儿）
Richards 等	41±10		24±8（1.5kHz）	34±11（婴儿）
Perez—Abalo 等	40±10	34±9	33±10	35±10（左）
	42±12	34±9	32±10	37±11（右）
宋戎 等	33.24±4.47	20.67±3.72	20.24±4.33	22.00±4.55（右）
	34.72±5.27	21.39±4.13	21.00±4.10	23.16±5.31（左）
钟志茹 等	35.77±9.87	30.17±7.25	28.50±7.78	33.00±10.22

表 1—8　　国外不同研究人员报告 ASSR 反应阈值与行为阈值的差异　　（dB HL）

报告者	0.5 kHz	1 kHz	2 kHz	4kHz
Lins 等	14±11	12±11	11±8	13±11
Dimitrijevic 等（刺激声为 MM）	14±11	4±11	4±8	11±7
Perez—Abalo 等	各频率间差异在 11~15 dB			
DeWet Swanepoel 等（刺激声 MM）	6±10	4±8	4±9	4±12
Herdman 等	14±13	8±9	10±10	3±10

2）骨导耳机给声测试。在有关 ASSR 临床研究的报告中，相比气导测试的研究，ASSR 的骨导测试研究要少得多，尤其在婴幼儿中，有关研究进行得很少（见表 1—9）。综合几位研究人员的相关报告结果可以看出，除了 Jeng 的报告之外，其他几位研究人员的结果相差不大，正常人的反应阈值在 2 000 Hz 和 4 000 Hz 处都在 20 dB HL 之内。但这些报告的测试对象和骨导振荡器的安放位置、刺激声种类不尽相同。相对气导耳机给声的测试结果，骨导测试报告要少得多，所以，对 ASSR 的骨导测试研究，还需做大量的工作。

表 1—9　　国外部分研究人员报道的骨导反应阈值　　（dB HL）

测试频率（Hz）	500	1 000	2 000	4 000
Lins 等	31	29	20	19

续表

测试频率（Hz）	500	1 000	2 000	4 000
Dimitrijevic 等	32	18	10	13
Jeng 等	48	33	41	38
Small and Stapells	22	26	18	18

3）扬声器给声测试结果。由于该测试方法刺激声的特点，国外有学者在声场中通过扬声器给声来记录 ASSR，获得了满意的结果，并预测可能用于幼儿的助听器效果的客观评估。国内也有研究人员证实，在扬声器给声条件下确实可以记录到满意的 ASSR 结果，但能否用于助听器的效果的客观评估，还需要进一步研究证实。因为近些年的助听器几乎完全是全数字化了，数字化助听器如何处理这种调制声，是否会将这种调制声当做噪声来处理，只有经过临床研究证实后才会有答案。

总之，就单纯的预估听力方面，国内外有关 ASSR 的很多研究已经证实，AS-SR 是一种很好的客观测听方法，利用这种方法可以准确地预测受试者的行为听力。

（6）应用中应注意的问题

ASSR 是目前客观测听法中研究较多、发展较快的一种。到目前为止，这种测试方法本身还存在一些问题。

1）测试方法及结果判断存在差异。由于 ASSR 测试需要将记录到的数据进行 FFT，然后再根据 FFT 得到的结果进行振幅及相位分析，在这个过程中需进行复杂的数学运算及统计处理。当计算方法不同时对结果的影响如何？从目前来看，并没有详细的实验室数据对所有的方法进行过比较，有些商用型测试仪所采用的计算方法也没有看到相应的研究性测试结果。

有研究报告比较了两种测试方法：一种是澳大利亚的 Rance 等采用的单频给声，反应结果通过相位一致来分析判断，这种方法被 GSI 公司的 Audera 测试仪采用；另一种是加拿大的 MASTER 测试方法，通过分析反应波的振幅与相位来判断是否出现反应，该法被 Biologic 公司采用，这两种测试系统对同一组受试者的测试结果显示，在正常听力人群中，MASTER 测得的反应阈值与行为听力更接近，但在听力损失者中，两种测试方法得到的结果相差不大。

国内常见的美国智听（Intelligent hearing）公司的多频稳态测试系统是用短纯音作为刺激声，其频率特异性也不错。国内也有较多的研究报告。在正常人及儿童中，这种测试方法可以引出可靠的稳态反应。但在聋人或聋儿中，反应结果与实际听阈之间有多少差异尚未见报告。

与调幅音相比，混合调制音的能量谱宽。在成人中，混合调制声引出反应波振幅明显比调幅音高，出现反应更快，但反应阈值与调幅音所得到的相近。在陡降型听力损失人群中，如果利用混合调制声作为刺激声，多频同时刺激时是否会导致ASSR频率特异性下降，还需进一步研究；而且这种刺激声在婴幼儿中测试的报告不多，与调幅音结果之间是否有差异也需要更多的观察。国内常见的一种商用测试仪以短纯音为刺激声，给声速率在80次/s左右。国外相关报告中采用这种刺激声的相应研究少见，只有莫玲燕在加拿大做了临床研究，她的报告指出，用短纯音作为刺激声来诱发稳态反应存在一些问题，为了引出较高的反应波，短纯音的持续周期要短（不超过3~4个），但此时它的频率特异性降低，尤其是在多频同时给声时，不同频率反应波之间还会相互影响，所以，她报告的结论是，短纯音不是多频稳态反应的理想刺激声。如果使用这种测试仪，那么应用时至少要注意分频测试以减少误差。

　　ASSR的刺激声是持续声，其结果分析是在一个调制周期时间段采集一定的样本数（8样板），每次扫描持续1 024个调制周期，采集8 192个样本（不同的测试仪采集样本数不一定相同），将这些样本进行FFT，将FFT得到的数据在缓冲器中进行平均叠加。一个测试强度需要记录多少次扫描（即测试进行多长时间）并没有定数。国外的报告可见到少则10多次，多则64次，这种次数的差异隐含着测试环境和测试对象所处状态的差异。环境安静，测试对象睡眠时，本底噪声水平低，反应波与噪声水平相比差异容易显现，反之则不易，就需要增加测试时间来降噪。因此，人为设定测试多少周期（时间）有不足之处，最好是测试系统本身可以同时显示脑电噪声水平。这样，当噪声降到很低时仍未出现反应，可判定该刺激强度未引出反应。国外报告中显示，结束测试时的噪声水平在10~15 nV。国内也有报告显示，当背景噪声低于0.01 μV时，增加刺激次数，噪声水平下降变慢。但目前国内可见到的商用型测试仪并非都能够显示脑电噪声水平，这就可能导致不同测试仪之间测试结果产生差异，因为叠加时间越长，脑电噪声越低，得到的反应阈值就越接近行为听阈。所以，当结束测试的时机不同时，也可能对测试结果产生影响。

　　由于不同的测试仪采用的刺激声及计算方法有差异，而且有报告显示，这种差异可能导致在不同人群中测试结果不同。所以，在临床应用时，每个实验室或测听室应首先测试一定数量的正常听力结果作为资料库，有利于对将来测试结果的分析判断。

　　2）假反应问题。Gorga等报告（2004），气导耳机给声强度大于95 dB HL时，可在全聋患者测试中记录到ASSR，并称为"假反应"，同年，Small和Stapells报告，骨导耳机给声强度在40 dB HL以上时也可出现这种现象。Picton和

John 对这种现象做了分析，认为属于电磁假象。当电流通过耳机时产生电磁场，这种电磁波可被电极捡拾，其发生原因类似于模—数转换中的"混迭"（aliasing）现象。Small 和 Stapells 同意这种观点，他们以及 Picton 和 John 在报告中均提出了避免出现这种"假象"的方法。但 2004 年以前的测试仪可能仍会存在这种问题，他们给出的解决方法对 0.5 kHz 处不能完全消除，因为此处的"假反应"可能有部分来自"前庭电位"。

3）刺激声的校准问题。目前 ASSR 的刺激声多用听力级（HL）或声压级（SPL）标定，但 HL 本是纯音测听得到的行为听阈，而 ASSR 得到的是反应阈值，与实际听阈尚有差距。人耳对不同频率声音的 SPL 听阈不尽相同，多频同时刺激时，如果采用 SPL，则每个频率的实际有效刺激强度有差异。所以，这两种声音校准方法都有不足。

4）对实际应用中某些现象的解释。在听力损失人群中的研究证实，对于听力损失较重者，他们的 ASSR 反应阈值与行为听阈非常接近，甚至相同。Picton 认为，之所以产生这种现象是因为存在一种"电生理重振"现象。随着刺激强度增加，反应波的振幅增加，当刺激声达到反应阈值后，在听力损失较重者中，反应波振幅的增加速度明显要比正常听力者的振幅增加速度快，也就是振幅会有突然增加现象，而且这种现象存在于所有感音神经性耳聋的患者，就像行为测听中的"重振"现象。

5）ASSR 测试结果报告。有些商用型测试仪将 ASSR 测试结果直接以纯音听力图形式打印出来，这可能会产生误导。因为 ASSR 测试结果是得到反应阈值，与真正的纯音听力还有一定的差距，因此，报告 ASSR 测试结果时，还要注明反应阈值。

总之，ASSR 在听力学诊断方面的应用价值已经被很多报告证实，而且将来可能有其他的用途。比如，可以用这种方法对新生儿进行听力筛查，因为这种测试可以双耳同时进行，而且得到的是分频结果，与 DPOAE 和 ABR 相比有自己的特点。

二、40 Hz 听性稳态反应（40 Hz ASSR）

1. 定义及电位起源

（1）定义

40 Hz 听性稳态反应又称为 40 Hz 听觉事件相关电位（40 Hz AERP），是指给予 40 次/s 刺激率的声刺激，引出的由 4 个间隔 25 ms 左右的准正弦波构成的一组电位，只要刺激声保持不变，这组电位就保持稳定。该反应由 Galambos（1981）

首次报告,以后的很多研究使这种测试方法逐步完善。近些年的研究表明,凡是刺激率或调制率在 30~50 Hz 范围的刺激声,所诱发的听性稳态反应都被称为 40 Hz ASSR(见图 1—18)。

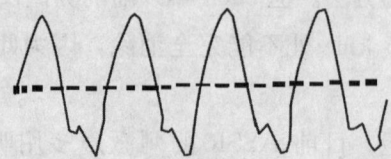

图 1—18　正常 40 Hz 稳态反应结果

（2）发生源

40 Hz AERP 的起源并不十分清楚,多数人认为,其发生源与中潜伏期反应一样来自大脑皮层,但临床和动物实验均证实,颞叶受损,40 Hz AERP 不受影响,但下丘损伤后反应波消失,所以,下丘是发生源,但并非唯一来源。

2. 测试方法

（1）刺激声

常用刺激声为 2—1—2 短音,也可以用 40 Hz 左右调制率的调幅音,相比短声 ABR,该种测试属于有频率特异性的测试方法。

（2）测试参数

40 Hz 稳态反应测试的电极连接、测试耳机放置与 ABR 相同,但参数设置有如下要求:滤波范围 30~150 Hz,100 ms 的分析时间窗,叠加 256 次或 512 次。因为是稳态反应,一般临床记录时只考虑反应阈值而不考虑潜伏期。其波形分析是在时阈图上进行,即记录到 4 个相隔 25 ms 的准正弦波就说明引出反应,这些反应波出现的最低刺激强度就是反应阈值。

3. 临床应用

40 Hz 稳态反应的反应阈值在正常听力者清醒状态下,与行为听阈很接近,但在 10 dB 之内,短音的频率特性又好于短声,所以,在应用初期有相当多的研究报告。遗憾的是,大部分人在睡眠状态下 40 Hz ASSR 的反应波振幅降低,麻醉状态下降低更明显。尤其在后来的研究中,陆续有报告发现在婴幼儿睡眠状态下,40 Hz ASSR 表现不稳定。40 Hz ASSR 的这种特性,限制了它的临床应用,因为客观测听的应用对象绝大多数是低龄儿童,测试时必须在睡眠状态下才能完成。尤其近些年,多频稳态电位已取代了过去 40 Hz AERP 在婴幼儿人群中的应用。但对成人清醒状态下的客观测听,40 Hz AERP 仍是不错的选择。

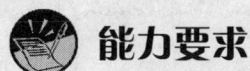 **能力要求**

一、测试准备

ASSR 测试的病人要求及测试前病人的皮肤准备、电极的连接与 ABR 测试相同，商用型测试仪的滤波带通一般为 30～300 Hz，放大器增益 10^5 倍，伪迹剔除 40 μV 左右。

二、测试步骤

多频稳态测试结果判定虽然由计算机自动完成，但在测试过程中，由于商用型测试仪采用的测试方法并不统一，具体测试步骤一般按照以下两种测试程序进行。

1. 事先设置好测试程序

初始给声强度结合受试者的听力情况决定，事先设定一个最大的记录扫描次数，每个刺激强度从开始刺激直到出现反应为止；如果没有反应出现，则记录到事先设定的最大扫描次数时测试就会自动停止。这种最大扫描次数的设定前提是在满足测试条件下，这么多的扫描次数足以保证背景噪声已降低到足够低的水平，此时没有反应出现说明受试者听不到这个强度的刺激声，结束测试不会错失可能出现的反应。但完成设定的这个最大次数需要较长时间，当受试者测试状态很安静时，并不一定非等到刺激扫描次数达到这个最大值，可以提前结束该强度测试。但何时结束测试，需要测试者积累一定的测试经验，最好多测一些正常听力者或已知听力状况者，可以帮助测试者了解实际工作中在多少次扫描时就可以结束测试而不至于影响测试结果。

2. 通过背景噪声水平来自主选择结束测试的时机

如果所用的测试仪可以显示背景，则结束测试的时机应根据背景噪声的高低来决定，当背景噪声很低时仍没有反应出现，即可结束测试。由于不同的环境、测试仪、受试者的状态等都会影响背景噪声水平，所以，并不能给出一个具体数值，各个听力检测机构应通过临床实践来确定低噪声水平的范围。国外报告显示，结束测试时的噪声水平在 10～15 nV。国内也有报告指出，测试睡眠状态下的儿童，当背景噪声低于 0.01 μV 时，增加刺激次数，噪声水平下降变慢。所以，当背景噪声水平≤0.01 μV 时，即可结束该次测试。

思 考 题

1. 在客观测听中，多频稳态诱发电位有何优缺点？
2. 多频稳态诱发电位测试为什么要用调制音？
3. 多频稳态诱发电位反应阈值与行为阈值之间有何关系？
4. 在客观测听中，40 Hz 听性稳态反应有何优点？
5. 40 Hz 听性稳态反应为什么不能作为听障儿童听力评价的主要手段？

第 2 章 助听器调试

第 1 节 助听器性能测试

学习目标
- 掌握助听器各项性能指标的意义，并能测试其性能
- 能进行助听器最大声输出、声增益、谐波失真、频率范围、等效输入噪声、电池电流测试和分析

知识要求

一、助听器各项声学性能指标及技术参数

助听器的基本电声参数和主要技术参数有饱和声压级、满挡声增益、谐波失真、频率响应范围、等效输入噪声级、额定电源电流消耗。

1. 主要声学性能指标

（1）饱和声压级（最大声输出，OSPL90）

声输出是输入的声压级与增益之和。输入增加输出也增加。当输入声压级增加到一定程度时，输出的声压不再增加，而稳定在一个声压级的数值上，这种现象称为饱和，这时的输出声压级称为饱和声压级，也是最大声输出。

（2）满挡声增益（full on gain）

助听器的放大能力用增益表示，单位是分贝（dB）。增益是助听器输出的声压级 SPL 与输入的声压级（常用 50 dB 或 60 dB）SPL 的差值。助听器的音量控制位调至最大时为满挡，此时的增益为满挡声增益。

（3）等效输入噪声级（equivalent input noise）

在没有信号输入的情况下，助听器输出的噪声级与助听器参考测试增益的差值称为等效输入噪声级。

（4）谐波失真（harmonic distortion）

谐波失真通常是指由于非线性传输作用所产生的频率，等于测试信号频率整数倍的失真成分，谐波失真成分出现在高于输入信号的频率处。失真分为二次谐波失真、三次谐波失真，二次谐波失真与三次谐波失真之和为总谐波失真，失真用百分数来表示。

总谐波失真可用下式计算：

$$\sqrt{\frac{P_2^2+P_3^2+P_4^2+\cdots+P_n^2}{P_1^2+P_2^2+P_3^2+P_4^2+\cdots+P_n^2}} \tag{2-1}$$

第 n 次谐波失真可用下式表示：

$$\sqrt{\frac{P_n^2}{P_1^2+P_2^2+P_3^2+P_4^2+\cdots+P_n^2}} \tag{2-2}$$

（5）频率响应范围（scope for frequency response）

助听器频率范围的计算方法是以 60 dB 声源输入的增益频响曲线上 1 000 Hz、1 600 Hz 和 2 500 Hz 三点的增益平均下降 20 dB 的水平线与频响曲线的交点，两个交点之间的范围即为频率响应范围。

（6）额定电源电流（nominal battery current）

助听器在参考增益点时测得的电源电流为额定电源电流。

2. 技术参数及意义

（1）饱和声压级

额定值由助听器生产厂家在产品标准中规定，其允许偏差 ≤±4 dB SPL。依据助听器的最大声输出不同，分为小功率助听器、中小功率助听器、中功率助听器、大功率助听器和特大功率助听器，其最大声输出分别为 <105 dB SPL，105～114 dB SPL，115～124 dB SPL，125～134 dB SPL，≥135 dB SPL，以满足不同程度听力障碍者的康复需求。

（2）满挡声增益

它是表示助听器放大能力的指标，额定值由生产厂家在产品标准中规定，其允许偏差≤±5 dB SPL。满挡声增益与饱和声压级的技术参数相匹配，通常饱和声压级增大，满挡声增益也随之增大。

（3）等效输入噪声级

它是观察助听器系统设计情况的一个指标，国家标准中规定等效输入噪声级≤32 dB SPL。

（4）谐波失真

国家标准规定，盒式助听器谐波失真≤10%，耳背式、耳内式的助听器总谐波失真＜5%。

（5）频率响应范围

频率响应范围是助听器频率响应宽度的指标，典型频响曲线和额定频率范围由助听器生产厂家在产品标准中规定。助听器的基本频响曲线与典型频响曲线之间的偏差在2 000 Hz以下允许±5 dB SPL，在2 000 Hz以上允许±6 dB SPL。

（6）额定电源电流消耗

额定电源电流消耗是在参考增益点测试时获得的助听器电源消耗的指标，由助听器生产厂家在产品标准中规定，同时应给出助听器的静态电流及动态电流的极限值。

二、助听器测试仪器及常用的耦合腔

1. 便携型助听器分析仪

便携型助听器分析仪 FONIX—FP40/40D，如图2—1所示，主要具备如下特点和功能：

图2—1　便携型助听器分析仪 FONIX—FP40D

真耳测量（附验配公式：NAL—2，POGO，Berger，1/2声增益，2/3声增益）；

声压级验证（200～8 000 Hz）；

目标 2cc 耦合器测量；

ANSI/IEC 测试程序；

正弦测验信号（200～8 000 Hz，1/12 倍频程，强度 40～100 dB SPL）；

复合声测验信号（200～8 000 Hz，强度 40～100 dB SPL）；

谐波失真分析（二次、三次、总谐波）；

反光液晶体显示；

热敏打印；

RS232C 配合计算机使用；

CHAP 软件：可配合视窗平台
配备特殊功能，快速扫描频率；

噪声衰减；

系统噪声；

电池流量测量；

模拟电池片（FP40 标准配件、FP40D 可选配件）；

耳背/耳内式（HA1、HA2）耦合器测量；

全耳道（CIC）耦合器测量；

目标（MZ）耦合器测量。

2. 助听器分析仪

（1）FONIX—6500/C/CX

声音驱动信号频率：100～8 000 Hz；

复合音：30～80 dB；

纯音：50～100 dB；

复合音振幅输出：<12 dB；

声压数据读取频率：100～8 000 Hz；

振幅：0～149 dB；

复合音振幅输出：<12 dB；

线圈板输出：0.444 mA；

平面强度 10 mA/m：ANSI 3.22—1996 模式：1.404 mA。

（2）FONIX—7 000 助听器分析仪（见图 2—2）

可用于测试多种类型的助听器，包括全数字助听器、频谱分析模式、dB Gain/dB SPL 结果展示、图表格式与数字格式之间的任意切换、十种反应曲线测度、三频率平均数、静态噪声加强、失真 ANSI/IEC 结合、可为待测助听器选择最适当的标准、可评估配戴者真耳适应度（RECD）和 Gain 视频与 SPL 视频之间的灵活切换。基本 7 000 系统可做如下耦合器测试：

1）纯音信号测量。

2）复合声和数字言语信号测量。

3）配对双耳助听器的相位测量。

4）数字式助听器的组延迟（处理延迟）测量。

5）无论复合声信号测量还是纯音信号测量，都可做专门的 CIC（全耳道）耦合器测量，耳背式（BTE）、耳内式（ITE）、耳道式（ITC）和盒式助听器测量，可选择 IEC60118—7 或 ANSI S3.22—1996/87/92 标准测试（所有测试均可作为选项安装）。

作为 7000 系统标准配置的一个附加功能是与外部个人计算机连接的 RS232 通信接口。这样，就可从计算机上对 7000 系统进行远程操作，并可将测试结果存储在计算机的硬盘中。

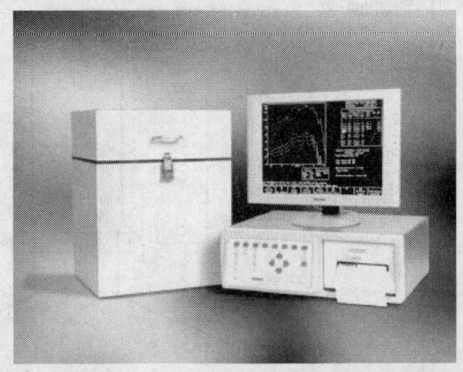

图 2—2　FONIX—7000 助听器分析仪

3. 常用的耦合腔

（1）HA—1 型耦合腔直接连接式耦合器

适用于测试耳内式和耳道式助听器，助听器可以用专门胶泥将助听器的声孔与 HA—1 型耦合腔密封相连（见图 2—3）。

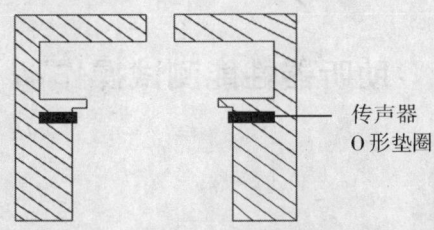

图 2—3　直接连接式耦合腔

(2) HA—2型耦合腔及 HA—2型耦合腔间接连接式耦合器适用于测试盒式和耳背式助听器（见图2—4、图2—5）。

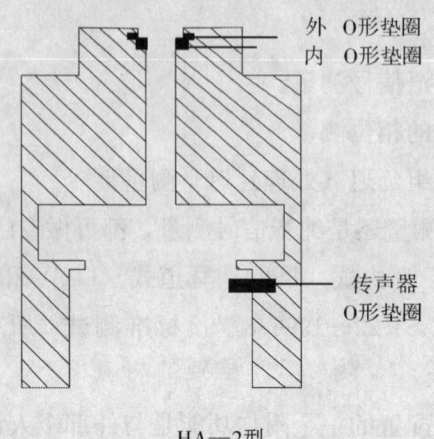

图2—4 标准2cc耦合腔

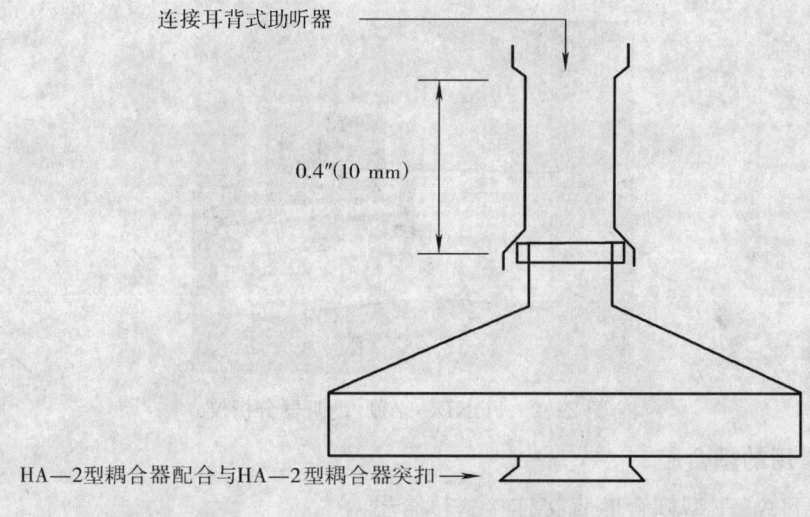

图2—5 耳机适配器

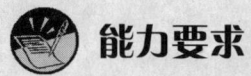

助听器性能测试操作

一、工作准备

1. 连接测试设备。初次使用安装新购入设备，一定要按照仪器的使用说明和安装要求进行，动作一定要轻、稳，确保器件和连接口不被损坏。

2. 连接完毕确认连接准确，可接通电源观察其显示器显示是否正常。

3. 选定所测试助听器，确定需要检查的项目、条件和测试要求，选择与其适合的标准。

二、工作程序

1. 校准助听器分析仪

以 FONIX—7000 为例，介绍校准助听器分析仪的工作程序。

（1）进行基值调整设置

将被测试样品放到隔声箱的参考测试位置（此时不要打开电源开关）。

（2）根据助听器的类型选择耦合腔

如耳内、耳道和耳甲腔式助听器用胶泥密封与 HA—1 耦合腔连接，放置参考测试点位置（见图 2—6、图 2—7）。盒式、耳背式助听器用 HA—2 标准耦合腔相连接挤在测试箱参考测试点位置（见图 2—8、图 2—9、图 2—10）。

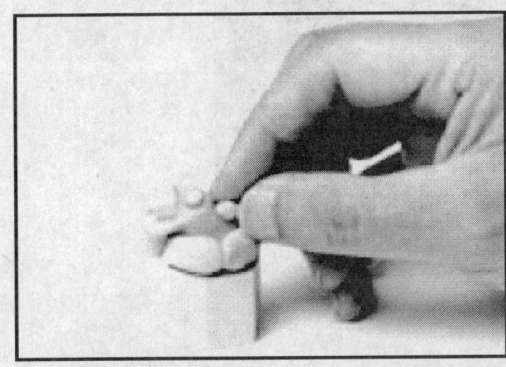 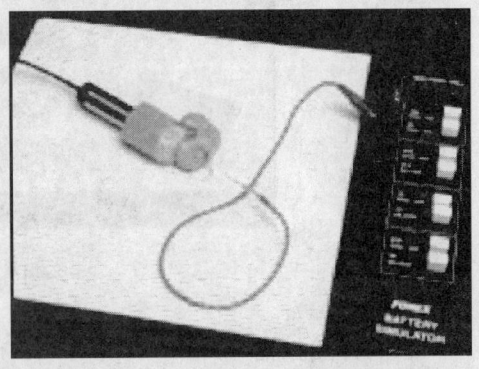

图 2—6 耳内助听器与 HA—1 耦合腔连接　　图 2—7 耳内助听器测试位置

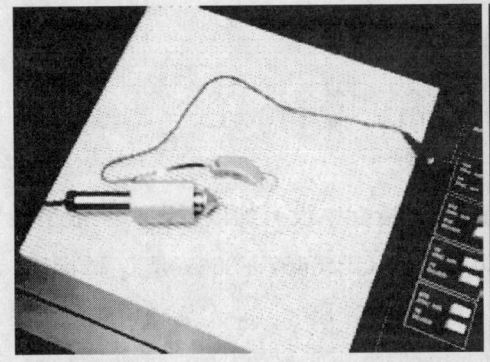 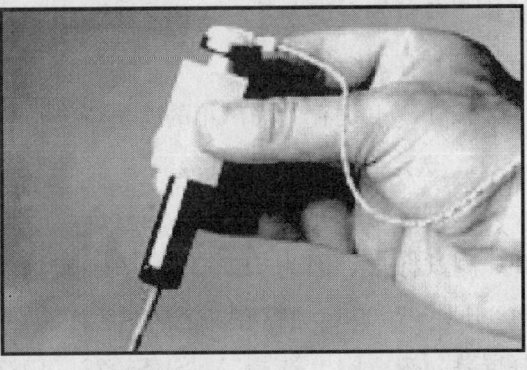

图 2—8 耳背助听器与 HA—2 耦合腔连接　　图 2—9 盒式助听器与 HA—2 耦合腔连接

图 2—10 盒式助听器测试位置

（3）将传声器放到隔声箱测试点并与被测试样品的麦克风

应与隔声箱扬声器方向相对距离 0.5 cm，将假传声器（黑色柱状体）放到耦合腔内的参考测试位置（见图 2—11）。

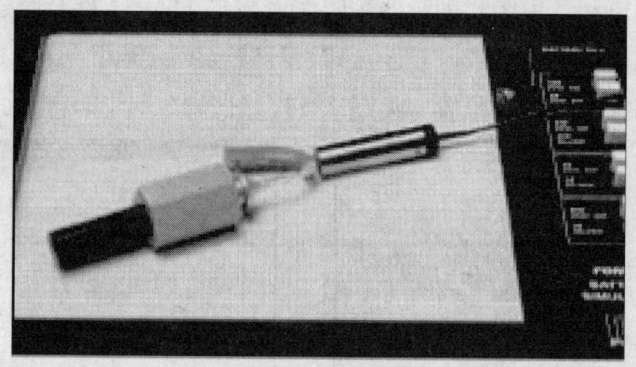

图 2—11 基值调整设置

（4）开始扫描

关上隔声箱的箱盖，轻按 [LEVEL] 按钮，此时系统出现从低频到高频的扫描声，显示器右下方 [LEVEL] 反白消除。

（5）存储结果

按 [F5] 键存储隔声箱的基值调整结果（见图 2—12）。

2. 选定测试标准

依据被测助听器技术指标进行选择，如果技术指标中没有加以说明，一般采用 IEC 测试标准，因为 IEC 118—7 和我国国家标准 GB 6657—6661 是等同标准。FONIX —7000 已经存有多个测试程序。在开始屏幕按 [F3] 进入 ANSI S3.22 选择屏幕，按 [F1] 选择 ANSI S3.22：1987；按 [F2] 选择 ANSI S3.22：1996；按 [F3] 选择 ANSI S3.22：2003，选择确定按 [START]，即可进入自动测试程

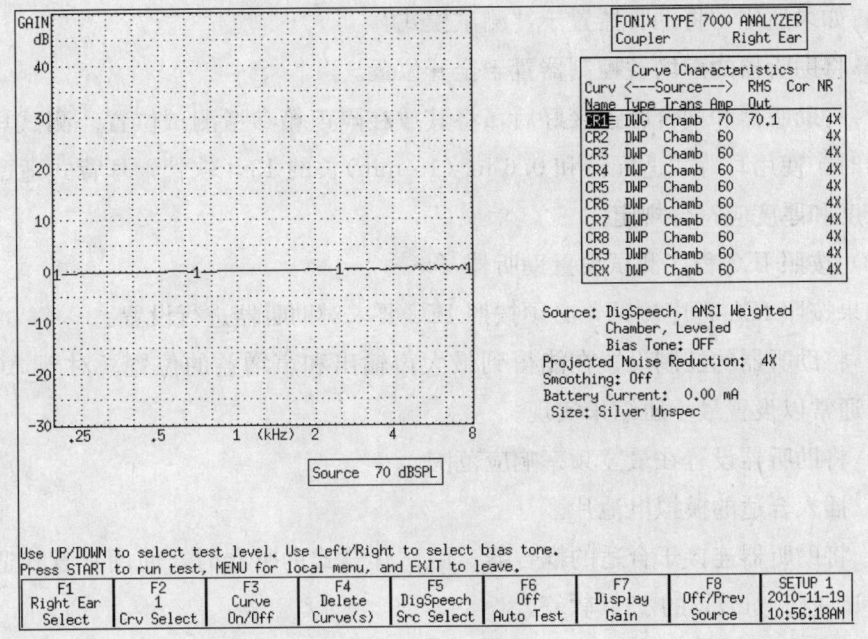

图 2—12 基值调整

序。运行 IEC 118—7 在开始屏幕按 [F6] 选择屏幕,按 [∨ 或 ∧] 进行选择,点击 [>] 确定,再按 [START],即可进入自动测试程序。此仪器已经固化了以下标准的检测程序:

(1) 美国标准协会标准:NASI S3.22:1987、1992、1996 和 2003 版本。

(2) 国际电工委员会标准:IEC 118—7:1994、1996 和 2005 版本。

根据助听器型号选定相应的标准。一般是根据生产厂家在产品说明书中明确规定采用的测试标准,或根据生产时间判定所采用的标准。在屏幕确定以后,打开助听器模拟电源或电池开关(用助听器的电池时将无法得到电池电流的测试结果),将助听器放置到隔声箱参考测试位置。

3. 设置各项测试参数

(1) 按照 NAIS 程序测试设置助听器

如果按照 NAIS 程序测试,必须按照 NAIS 要求对助听器进行设置。

1) 将助听器的控制(除压缩控制外)设置在能得到最大声输出和声增益的位置。

2) 将助听器设置在最宽频响范围。

3) 将自动增益控制(AGC)设置在能得到最大压缩的位置,或按照出厂规定的位置。

4）如果适用，将助听器置于"测试模式"。

5）将助听器的声增益控制器置于全开位置。

6）将助听器和耦合腔连接好后，将其放在隔声箱参考测试位置。测试耳背式助听器时，使用耳背式适配器和 0.6 in.(15 mm)长的 13♯软管，耳背式适配器和软管长度和厚度应符合规定。

（2）按照 IEC 程序测试设置助听器

如果按照 IEC 程序测试，必须按照 IEC 要求对助听器进行设置。

1）将助听器的控制设置在能得到最大声输出和声增益的位置。对于 AGC 助听器，通常以设置最小压缩来实现。

2）将助听器设置在最宽频率响应范围。

3）插入合适的模拟电池片。

4）将助听器连接于合适的耦合器。测试耳背式助听器时，使用耳背式适配器和 0.6 in.(15 mm)长的 13♯软管。

5）将助听器和耦合腔连接好后，放在隔声箱参考测试位置。

6）必要时对测试箱进行基值调整。

7）将模拟电池片接在测试箱专用的电池插口，并打开电池开关。

4. 声学性能测量

（1）测试饱和声压级

1）按照以上要求准备好测试仪器和助听器。

2）将助听器和耦合腔连接好，放在隔声箱参考测试位置。

3）选择所需要的测试标准（IEC/ANSI）。

4）打开助听器电源开关，并把音量调至最大位置。

5）关严测试箱。

6）按［START］键运行该测试程序，即可听到由低频至高频的扫描声。

7）读取屏幕上 OSPL90 的数据，即为该助听器的饱和声压级（见图 2—13）。

（2）测试满挡声增益

1）运行 IEC 测试程序，按［F1］键，用［∨］键选择 Store Curve Coup（在耦合器屏幕存储曲线）。

2）按［MENU］键，屏幕可出现选择菜单，将光标置于 Gain 位置（见图 2—14），按［＞］键执行存储曲线并关闭菜单，选择耦合器屏幕中存储曲线的位置。

3）用［∧］、［∨］键选择输入声压级（根据测试需要可选择 50 dB SPL 或 60 dB SPL），见图 2—15。

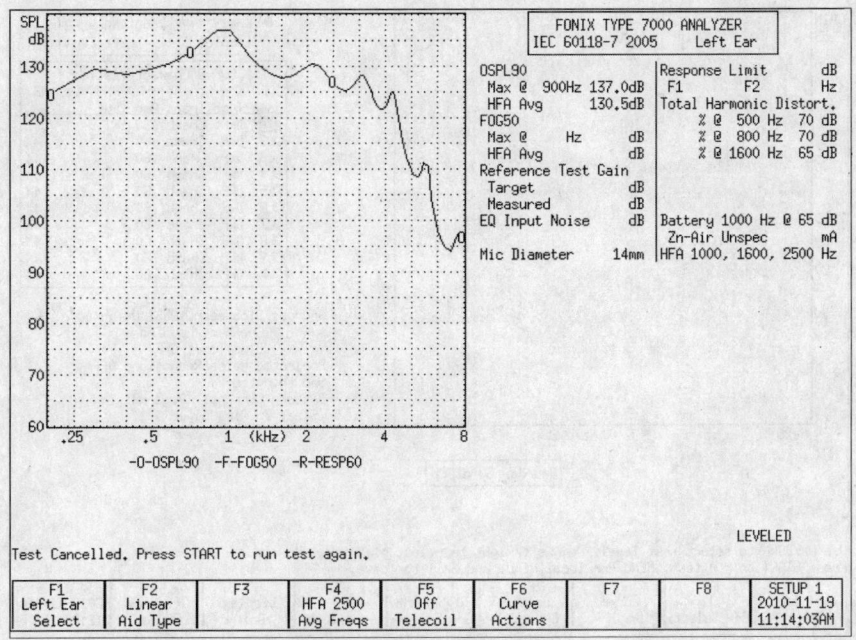

图 2—13 饱和声压级

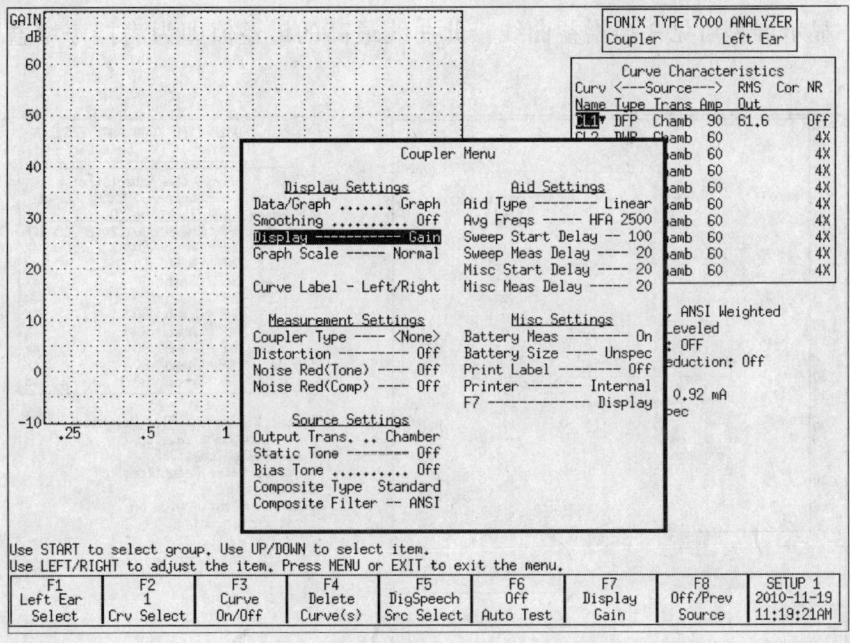

图 2—14 菜单选择 Gain

4）将助听器和耦合腔连接好，接好模拟电池，打开相应型号电池按钮，音量调至满挡，放在隔声箱参考测试位置。

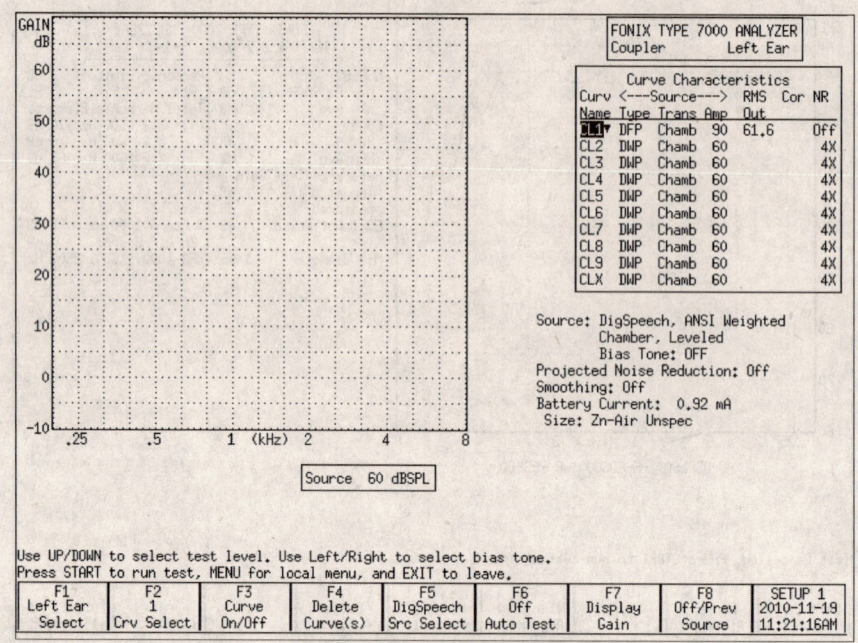

图 2—15 输入声压级确定

5）按［START］键运行该测试程序，开始由低频至高频的扫描过程。

6）显示屏幕可见一条增益曲线，此曲线最高的增益值即为满挡声增益（见图 2—16）。

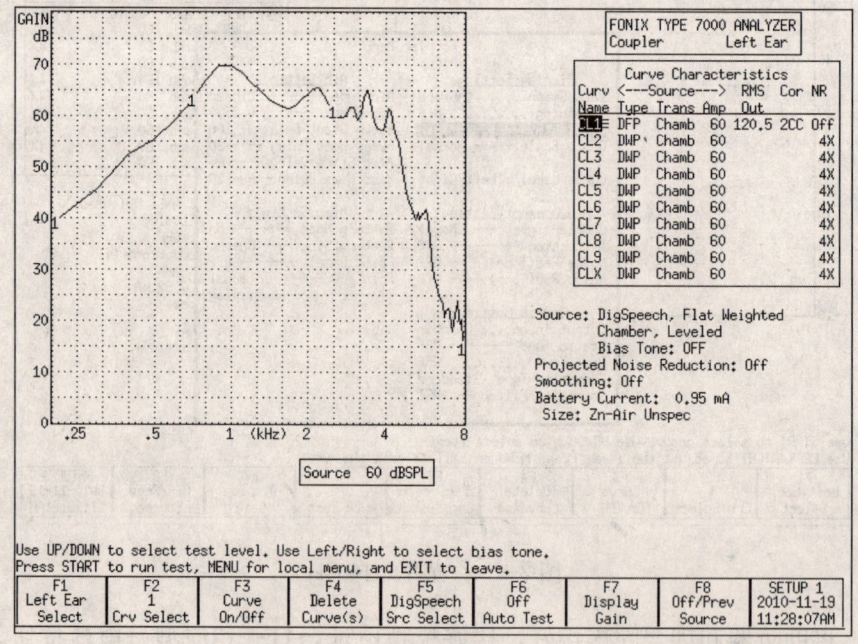

图 2—16 满挡声增益

7）按［STOP］键停止测量或继续下个数据测量测试。

（3）测试等效输入噪声

1）按照以上要求准备好测试仪器和助听器。

2）将助听器和耦合腔连接好，放在隔声箱参考测试位置。

3）选择所需要的测试标准（IEC/ANSI）。

4）打开助听器电源开关，并把音量调至最大位置。

5）关严测试箱。

6）按［START］键运行该测试程序，开始由低频至高频的扫描过程。

7）打开测试箱并把助听器音量开关调整到参考测试位置，即测试值数据与目标值数据相符程度在−1 dB和1 dB之间，关严测试箱。再按［START］键自动运行完该测试程序。

8）此时所显示的等效输入噪声值即为该助听器的等效输入噪声（见图2—17）。

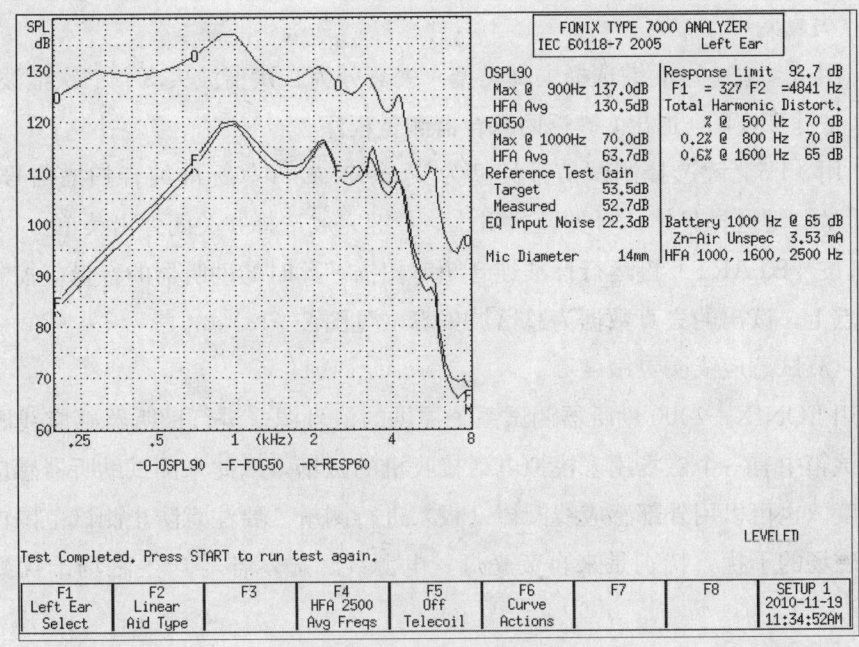

图2—17　等效输入噪声

（4）测试总谐波失真

1）按照以上要求准备好测试仪器和助听器。

2）将助听器和耦合腔连接好，放在隔声箱参考测试位置。

3）选择所需要的测试标准（IEC/ANSI）。

4）打开助听器电源开关，把音量调至最大位置。

5）关严测试箱。

6）按［START］键运行该测试程序，开始由低频至高频的扫描过程。

7）打开测试箱，把助听器音量调整到参考测试位置，即测试值数据与目标值数据相符程度在－1 dB 和 1 dB 之间，关严测试箱；再按［START］键自动运行完该测试程序。

8）此时所显示的谐波失真值即为该助听器的总谐波失真值。

（5）单独测试总谐波失真的操作顺序

1）首先按 F1，再从耦合腔测量屏幕按［MENU］（菜单）键。

2）用［∧］、［∨］键选择 Display Settings（显示设置）选项下的 Data/Graph（数据/图形）。

3）用［>］选 Data（数据）。

4）用［∧］、［∨］键选择 Measurement Settings（测量设置）选项下的 Distortion（失真）。

5）用［<］、［>］键选择失真类型。失真分为二次谐波失真、三次谐波失真。

6）按［EXIT］（退出）键返回耦合器测量程序。

7）用［F5］键选择测试信号类型为 Tone Normal（标准纯音扫描信号），用［∧］、［∨］键选择具体信号类型，用［>］键完成选择并关闭弹出菜单。

8）按［START］键运行标准纯音频率扫描。此时的助听器的音量应控制在等效增益点上，读出的失真数据为总谐波失真（见图 2—18）。

（6）测试感应线圈灵敏度

使用 FONIX—7000 助听器测试系统提供的信号源，进行助听器感应线圈的测量。测试箱中有一个磁场用来模拟电话接收机的磁场，以此来测试助听器感应线圈的灵敏度。也可以用外部感应线圈棒（板）进行测量。要注意防止测试范围内来自各方面磁场的干扰，特别是来自荧光灯、电源线、显示器等产生磁场干扰测试结果。

1）FONIX—7000 助听器测试系统的设置。将助听器和感应线圈放好，将助听器电池装好，开关设置在感应线圈挡位，并将声增益控制器开到满挡。连接助听器和耦合器，在测试范围移动并转动助听器，此时助听器会发出刺耳的声音，这就是助听器对测试环境的磁场效应。

2）FONIX—7000 助听器测试系统用测试箱内置感应线圈电路板，可用于助听器感应线圈灵敏度的测试。方法如下：按照常规方法设置助听器，与适合的耦合腔

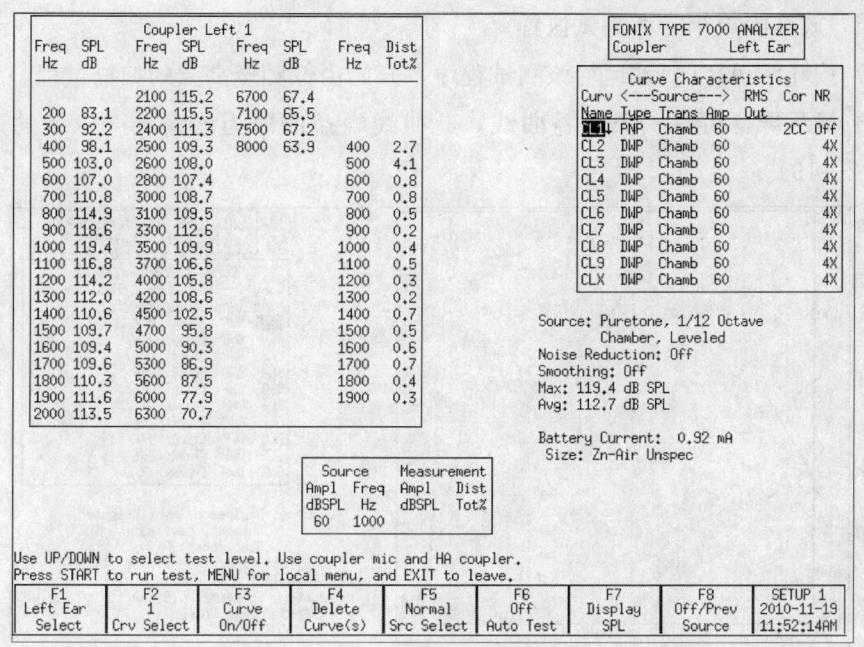

图2—18 总谐波失真

连接，插好测量用的传声器；在开始屏幕按［F1］键进入耦合腔测量屏幕；按［MENU］键打开局部菜单，在Source Setting（信号源设置）选项下将Transducer（换能器）设置为Telecoil（感应线圈），然后按［EXIT］（退出）键退出局部菜单；用［F5］键将信号源Source Type设置为复合声Composite；按［START］键进行复合声测试；此时将助听器设置在最大位置，一般耳背式助听器机体垂直位置最为灵敏，读出频响中的声输出曲线，即为该助听器在此磁场输入信号的声输出；按［STOP］键停止测量或继续测量测试。

3）FONIX—7000助听器测试系统中有磁场强度的选择。可用［∧］、［∨］键选择改变磁场强度。可选强度有OFF、1.00 mA/m、1.78 mA/m、3.16 mA/m、5.62 mA/m、10.0 mA/m、17.8 mA/m、31.6 mA/m、56.2 mA/m和100 mA/m，缺省值为31.6 mA/m。

（7）测试满挡声增益的频率响应特性

1）运行IEC测试程序，按［F6］键，用［∨］键选择Store Curve Coup（在耦合器屏幕存储曲线）。

2）用［＞］键执行存储曲线并关闭菜单，选择耦合器屏幕中存储曲线的位置。

3）用［∧］、［∨］键选择输入声压级50 dB SPL。

4）连接助听器和耦合腔，接好模拟电池，打开相应型号电池按钮，将音量调至满挡，放在隔声箱参考测试位置。

5）按［START］键运行该测试程序，开始由低频至高频的扫描过程。

6）显示屏幕可见一条增益曲线，此曲线增益值即为该输入声压级的声增益（见图2—19）。

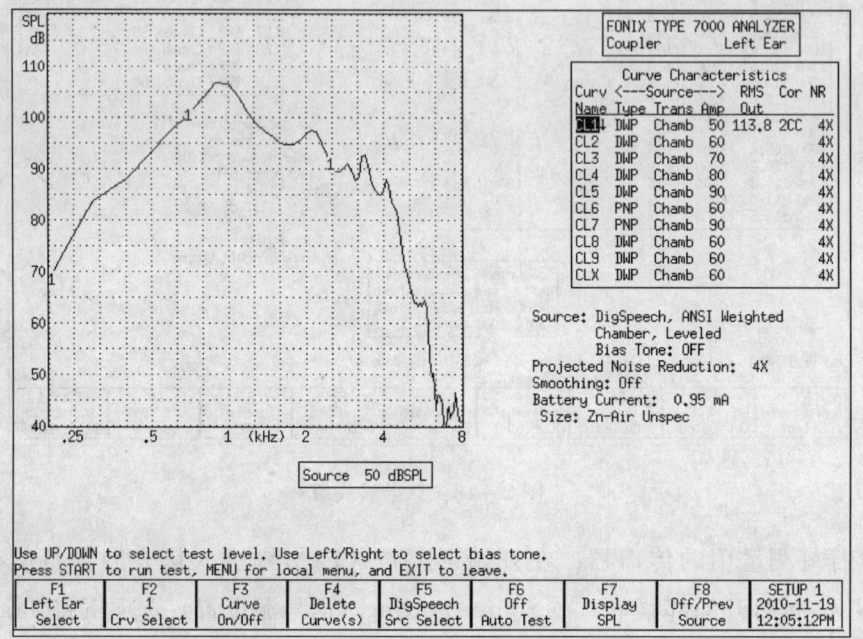

图2—19 频率响应曲线特性

7）按［STOP］继续下个数据测量测试。输入声压级选择60 dB SPL，重复步骤2）～7）；输入声压级选择70 dB SPL，重复步骤2）～7）；输入声压级选择80 dB SPL，重复步骤2）～7）；输入声压级选择90 dB SPL，重复步骤2）～7）。此时显示屏幕可见一组增益曲线，此组曲线增益值即为该助听器的满挡声增益的频率响应曲线。

(8) 测试频率响应范围

1）运行IEC测试程序，按［F6］键，用［V］键选择Store Curve Coup（在耦合器屏幕存储曲线）。

2）用［>］键执行存储曲线并关闭菜单，选择耦合器屏幕中存储曲线的位置。

3）用［∧］、［V］键选择输入声压级60 dB SPL。

4）连接助听器和耦合腔，接好模拟电池，打开相应型号电池按钮，将音量调至等效增益点，放在隔声箱参考测试位置。

5）按［START］键运行该测试程序，开始由低频至高频的扫描过程。

6) 显示屏幕可见一条增益曲线，可直接读出助听器的频率响应范围。

(9) 测试音调控制位对频率的影响

1) 运行 IEC 测试程序，按 [F6] 键，用 [∨] 键选择 Store Curve Coup（在耦合器屏幕存储曲线）。

2) 用 [>] 键执行存储曲线并关闭菜单，选择耦合器屏幕中存储曲线的位置。

3) 用 [∧]、[∨] 键选择输入声压级 60 dB SPL。

4) 连接助听器和耦合腔，接好模拟电池，打开相应型号电池按钮，将音量调至等效增益点，放在隔声箱参考测试位置。

5) 将助听器音调开关置于"N"调位，选择多条曲线的一条，如 CRV1，按 [START] 键运行该测试程序，开始由低频至高频的扫描过程，显示屏幕可见一条增益曲线；将助听器音调开关置于"L"调位，选择多条曲线的一条，如 CRV2，再按 [START] 键运行该测试程序，开始由低频至高频的扫描过程，显示屏幕又可见一条增益曲线；将助听器音调开关置于"H"调位，选择多条曲线的一条，如 CRV3，再按 [START] 键运行该测试程序，开始由低频至高频的扫描过程，显示屏幕再出现一条增益曲线。最后，将这三条曲线调出。

6) 观察此三条曲线的结果，会得出音调对不同频率的影响情况（见图 2—20）。

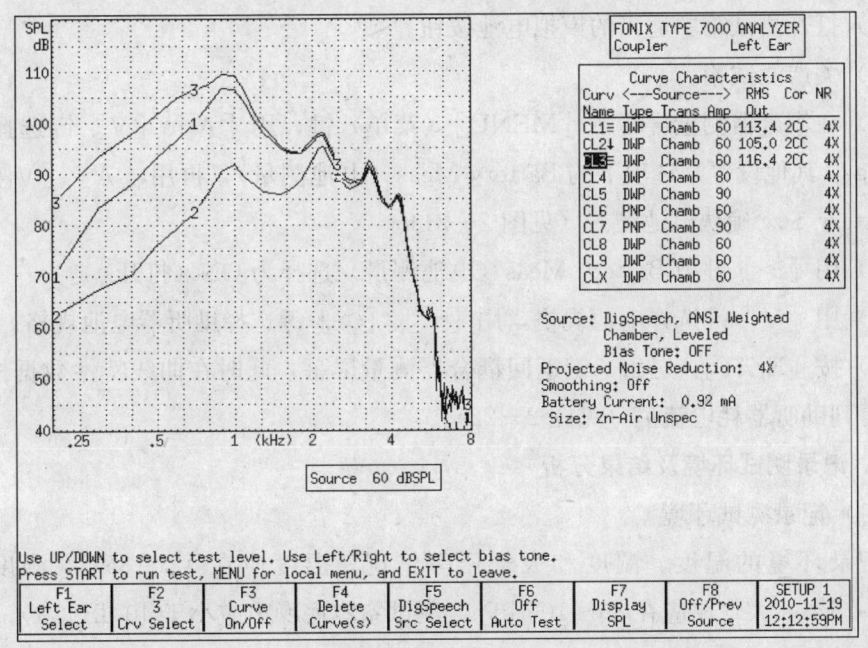

图 2—20 音调对频率响应的影响

(10) 测试增益控制器对频率的影响

1) 运行 IEC 测试程序，按 [F6] 键，用 [∨] 键选择 Store Curve Coup（在耦合器屏幕存储曲线）。

2) 用 [>] 键执行存储曲线并关闭菜单，选择耦合器屏幕中存储曲线的位置。

3) 用 [∧]、[∨] 键选择输入声压级 90 dB SPL。

4) 连接助听器和耦合腔，接好模拟电池，打开相应型号电池按钮，将音量调至最大，放在隔声箱参考测试位置。

5) 将助听器增益控制开关置于"最小"位，选择多条曲线的一条，如 CRV1，按 [START] 键运行该测试程序，开始由低频至高频的扫描过程，显示屏幕可见一条声输出曲线；将助听器增益控制开关置于"最大"位，选择多条曲线的一条，如 CRV2，再按 [START] 键运行该测试程序，开始由低频至高频的扫描过程，显示屏幕又可见一条声输出曲线。最后，将这两条曲线调出。

6) 观察此两条曲线的结果，会得出增益控制开关对不同频率的影响情况。

(11) 测试助听器的耗电量

在测试过程中使用助听器测试系统提供的模拟电池，就可以在耦合器测量屏幕中得到助听器的耗电量。其方法如下：

1) 在测试箱中设置好助听器，必须用仪器提供的模拟电池片。

2) 打开测试箱中适当的模拟电池按钮。

3) 关严测试箱。

4) 在耦合器测量屏幕按 [MENU]（菜单）键，用 [∧]、[∨] 键选择 Misc Settings（其他设置）选项下的 Battery Meas（电池测量），再用 [∧] [∨] 键选择 Battery Size 确认电池型号（见图 2—21）。

5) 用 [>] 键把 Battery Meas（电池测量）选择为 ON（打开）。

6) 用 [∨] 键选择电池规格，用 [<]、[>] 键选择助听器电池规格。

7) 按 [EXIT]（退出）键返回耦合器测量屏幕，此时在曲线特性数据框下方就能得到助听器耗电流值（见图 2—22）。

5. 记录测试环境及结果分析

(1) 记录测试环境

记录环境的温度、湿度和大气压等情况。温度应在 15～35℃，湿度应在 45%～75%，大气压应在 86～106 kPa，测试室本底噪声应小于 40 dB（A）。

(2) 结果分析

按照国家标准规定，最大声输出测试值应在规定值的 ±4 dB 以内，满挡声增

第 2 章 助听器调试

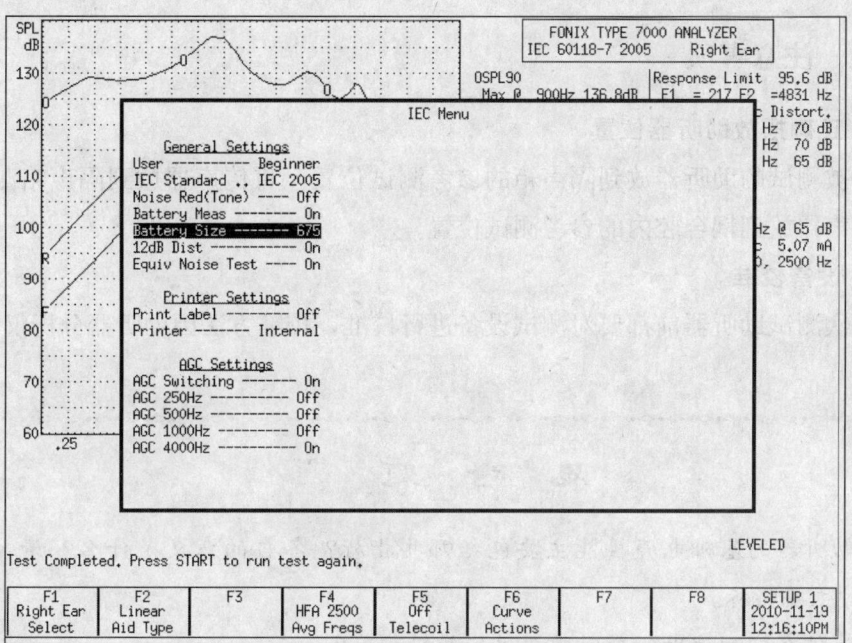

图 2—21 菜单—电池型号选择

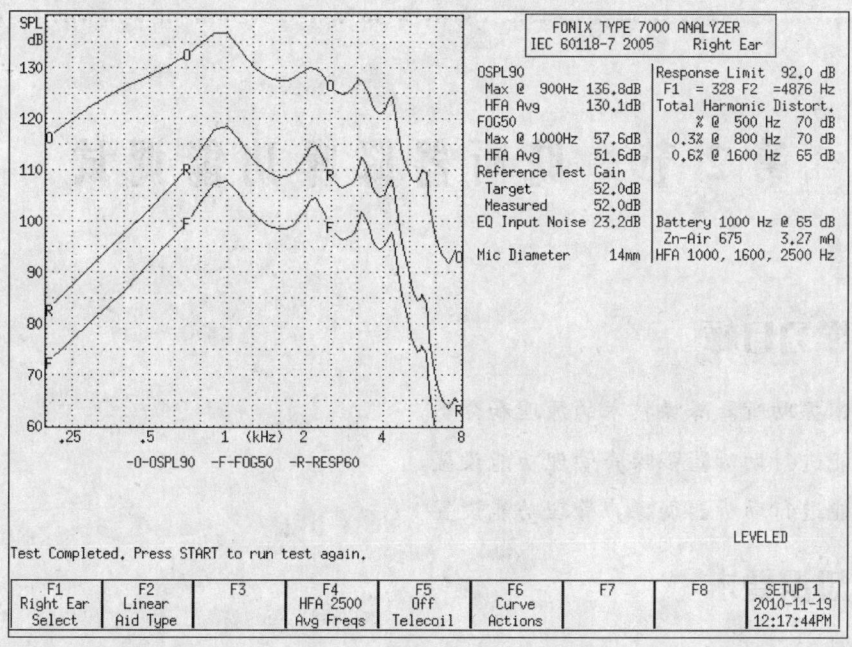

图 2—22 电流值测量结果

益测试值应在规定值的 ±5 dB 以内，等效输入噪声应小于或等于 33 dB，总谐波失真应小于或等于 10%，频率响应范围不低于出厂规定的频率响应范围。

三、注意事项

1. 正确摆放助听器位置

将被测试的助听器放到隔声箱的参考测试位置，将传声器放到隔声箱测试点，将假传声器放到耦合腔内的参考测试位置。

2. 设备校准

每次测试助听器前都要对测试设备进行校准，校准方法因助听器分析仪的不同而异。

思　考　题

1. 助听器的基础电声性能主要包括哪些指标？各自的意义是什么？请列举三种主要指标。
2. 为什么在测试助听器时需要进行基础校准？
3. 助听器测试的环境是如何要求的？具体指标是什么？

第 2 节　助听器降噪功能调试

学习目标

- 掌握助听器降噪技术的原理和分类
- 能进行助听器强噪声管理功能设置
- 能进行助听器弱噪声管理功能设置

知识要求

一、助听器降噪技术的原理和分类

1. 降噪系统的原理

感音神经性听力障碍患者由于耳蜗内外毛细胞损伤导致频率和时间的分辨力下

降，信噪比降低和动态范围变窄。因此，在复杂的环境中，特别是有噪声存在的环境中，言语辨别能力下降和产生不适感。也就是说，在噪声环境中聆听效果明显下降是感音神经性聋助听器使用者最大的抱怨，是影响助听器配戴者满意度甚至拒绝使用助听器的重要因素。

降噪系统是指增加在背景噪声存在时的配戴舒适性。包含有用信号（言语、音乐）的频率区域增益最大，而包含噪声的区域增益小或无增益。

决定降噪系统功效的因素有信号检测系统、频段/通道的数量、时间常数。

2. 降噪系统的分类

（1）降低增益

传统的降噪技术都是将输入信号作为估计言语和噪声区别的开始模式，是根据噪声水平或者环境信噪比减少增益。降低增益的原理是为了最小化噪声掩蔽对于言语可懂度的影响，但是，降低增益对于言语和噪声的影响程度是一致的。所以，传统的降噪技术只能提供较佳的舒适度。

（2）方向性处理

在模拟技术条件下，助听器麦克风的方向性指向是固定的，无法根据环境噪声的变化调整。采用数字技术后，根据前后麦克风采集的信号进行分析，可以根据噪声变化的情况实时调整麦克风的指向，从而使助听器配戴者在复杂环境中受益。

二、降噪技术的应用

1. 传统降噪技术

（1）高通滤波

基于噪声与言语信号相比含有更多低频成分的原理，高通滤波的方法是通过滤波器改变助听器的频率响应，保证高频信号通过，衰减低频，以达到降低噪声的目的。

人们在听自己声音时，低频信息较多。由于不同频率随距离衰减特性各异，助听器接收到自己声音中的低频过多，会产生向上掩蔽，从而影响了含有重要言语信息的中高频识别。低频的降低主要是为了阻止和减少低频噪声上移的掩蔽作用。多通道助听器一般每个通道分别有一个滤波器，通过调节各自滤波器以及相邻两个滤波器的交叉频率，可改变助听器的频率响应。对具有压缩线路的助听器，滤波器处于压缩反馈环路之前、之后和之中会对助听器的频率响应产生不同的影响。通过简单的衰减低频的方法来降低噪声，可以适当地提高舒适度，但不能有效地改善言语分辨率。

(2) 压缩

目前压缩技术已经非常成熟，可以利用不同的压缩参数，调整信号动态范围的增益，以适合每一种助听器配方对不同输入处理的要求，达到更好地匹配听障患者的动态听力范围。压缩技术可以用于对某个频率增益进行控制，以达到对环境噪声进行一定的抑制、压缩和削减，从而提高信噪比。此时增益的下降和削弱，可以保证聆听的舒适度，但对改善言语清晰度无明显作用。

研究表明，采用慢压缩技术的全数字助听器可以保证瞬间言语线性还原。快压缩技术有可能导致非线性言语还原失真，因此，慢压缩技术对改善言语理解力有帮助。

2. 方向性麦克风降噪技术

在噪声环境中，听力障碍患者与正常人相比需要更多的信噪比才能获得必要的言语可懂度。目前公认提高言语清晰度的方法之一是通过方向性技术提高信噪比。试验表明，信噪比每提高 1 dB，言语理解能力将潜在提高 10%。而无方向性的助听器对噪声和言语同时同量的放大，无法达到提高信噪比的目的。

方向性麦克风系统作为提高在噪声环境中语言可懂度的一个重要技术，广泛地应用于助听器的设计中。近年来，这项技术又有了进一步的发展，有些研究报告讨论了方向性麦克风系统的分类和在具体临床应用上的使用效果以及一些相关的问题，诸如怎样选择不同类型的方向性麦克风，这些不同的方向性麦克风系统在实际应用中的具体影响等。

方向性麦克风是采取减少侧面和后方声音灵敏度（增益）的方法提升信噪比，它的效果通过方向性指数反映。更确切地说，在典型噪声环境中，对于来自侧面和后方的声音，更高的方向性指数意味着麦克风对这些声音的灵敏度更低，结果明显提高了信噪比。

如果语言信号（或其他想听的声音）从这些方向传来，它们的可听性就会被方向性麦克风降低。在比较了全向性麦克风和方向性麦克风对于来自收听者后方声音的识别率，声音强度为 50 dB SPL 和 65 dB SPL（安静环境下）。相比而言，方向性麦克风的语言识别率低于全向性麦克风。对轻声说话（50 dB SPL）的理解度下降超过 20%（全向性=37%，方向性=13%），这就证明了方向性麦克风在某些场合的表现并不是很好，有潜在的局限性。在这种情况下，使用者可能会错过一些重要的信息，导致理解或交流问题。所以，应该采取一些额外的补偿措施来弥补这种损失。

解决这个问题有一个很简单的方法，即在助听器上加一个开关，让使用者自己来选择使用方向性还是非方向性。但这个方法必须要求使用者能确实分辨出方向性和非方向性之间的差别，并且懂得在什么情况下需要选择以及如何进行选择。反之，不具备这个能力的使用者则不能从这个功能中获益。此外，那些能够自己判断并选择的使用者也不能恰好在最需要或最适宜的时刻来进行切换。但有些具备新功能的助听器，特别是对具有高指向性指数（DI）的方向性麦克风，可以确保方向性和非方向性麦克风在这种情况下得到正确使用。

另一种解决方法是采用宽动态范围压缩（WDRC）线路和方向性麦克风相结合使用的办法，因为这种线路具有比较低的压缩阈值（CT），可以部分补偿灵敏度的降低。低压缩阈值的麦克风对轻的声音能够比高压缩阈值的麦克风得到更高的增益，对于方向性麦克风系统的敏感度降低有一定的补偿作用。

研究结果表明，助听器的信号处理系统结合方向性功能就能得到期望的信噪比提升。因为方向性麦克风系统都能在低频段得到适度的 DI，而不在于高频段 DI 的差别。低频段的 DI 主要是对提高实际生活环境中的信噪比起作用。

3. 风噪声管理

风通过头部会产生低频震荡，通过耳屏、传声器口会产生高频震荡（见图 2—23）。

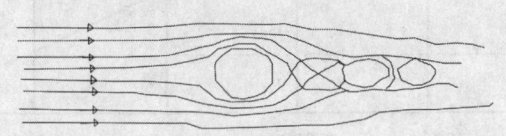

图 2—23　风噪声

现代生活方式有许多潜在的风环境：骑车、步行、户外跑步、打球和出航等。在进行户外活动时，中等强度的风都会让助听器产生很响的、令人厌烦的风噪声。调查表明，41% 的助听器佩戴者对户外活动由于风而导致的噪声不满意。

（1）风噪声影响因素

1）助听器外壳的类型对风噪声的影响。各种类型助听器由于传声器的位置不同，外壳体积大小不同，产生的风噪声有较大的差异（见图 2—24）：

BTE（耳背式）＞ITE（耳内式）＞ITC（耳道式）＞CIC（深耳道式）

2）风速对风噪声的影响。风速增加时，噪声级增加，频谱向上延伸（见图 2—25）。

3）风向对风噪声的影响。面向风时风噪声最严重。

4）方向性麦克风对风噪声的影响。在方向性麦克风系统中，由于存在两个进声口而增强了风噪声。

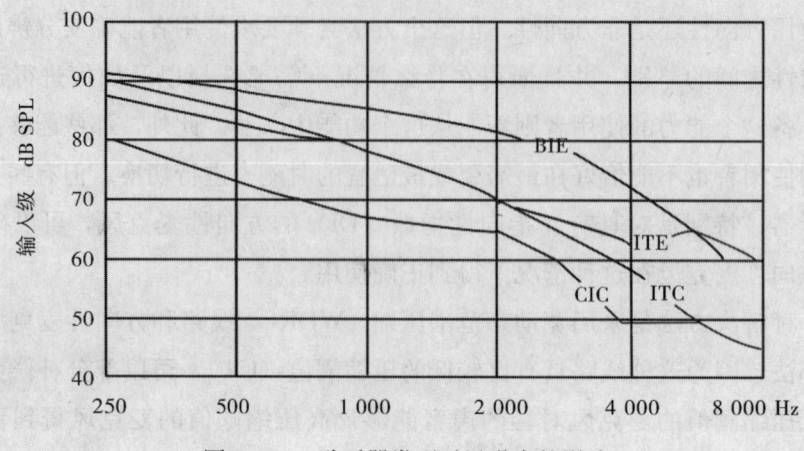

图 2—24 助听器类型对风噪声的影响

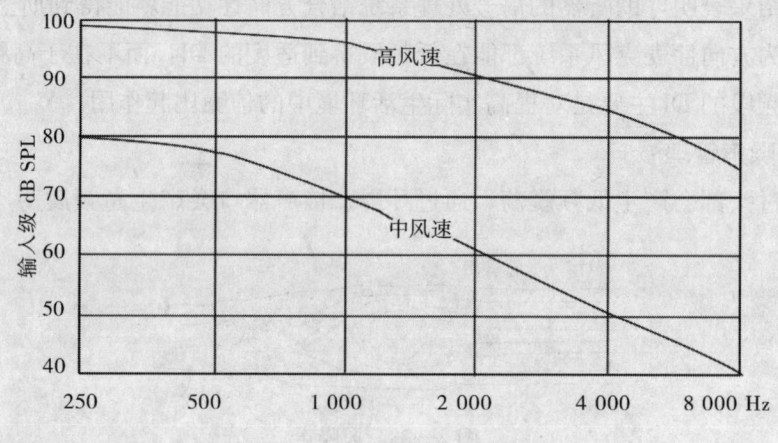

图 2—25 风速—风噪声相关性

(2) 风噪声处理

面向风时，通过转头、只戴一个助听器、不戴助听器或调小助听器增益输出来降低风噪声的办法有一定效果，但不实用。

在方向性麦克风系统中，部分助听器的处理器可以做到自动识别出风噪声，并快速将麦克风特性调节到风噪声消除模式，将风噪声水平降低 25～30 dB。

在条件允许的情况下，可以使用机型较小的助听器，如 ITE、ITC 或 CIC。

4. 线路噪声

一些在某些频率听力正常的助听器配戴者会听到麦克风的线路噪声。为了避免这种噪声，在通道中采用麦克风噪声抑制技术，目的是在低强度信号获得高增益的同时，避免听到线路噪声。

5. 其他降噪技术

(1) 智能降噪

智能降噪技术发展较快，方法不尽相同。其中，采用频谱法降噪技术的数字助听器能够分析环境信号的频谱，并对频谱的变化进行跟踪，以确定噪声的频段和语音的频段，对噪声进行衰减，对语音放大。不同品牌助听器采用不同的频谱跟踪分析算法。

对声音进行调制的降噪系统，可以分析哪些是言语，哪些是噪声，如果发现某个频段是噪声频段，那个频段的增益便被降低。如果言语与噪声混合在一起，系统便降低言语音节之间的噪声。

频谱提升系统并不直接区分言语和噪声。频谱中的波峰全部被提升，波谷全部被降低。频谱提升系统是基于频谱的波峰代表言语的共振峰。

因此，频谱法降噪技术和声音调制降噪系统在不同的环境中有不同的效果。声音调制类型的降噪系统在非常嘈杂的环境中更有效，而频谱提升系统在安静或中等噪声环境中更有效。

(2) 净噪系统

净噪系统是在信号调制基础上的一种降噪处理技术，相对于传统的降噪技术而言，它能更准确地鉴别言语信号，更精确地判断噪声的特征。它具有自适应的时间常量，能保证降低噪声而将整体音质的影响降至最低，能实现每一个处理环节都维持聆听的舒适度和较好的音质，而尽可能不改变任何重要的言语信息。净噪系统采用的是频谱相减法（见图2—26）在频率上是将全频信号分割成数个频段，每一个频段在时间上以1 ms为单位进行独立处理，通过评估信号中噪声能量，按照言语信号和噪声信号能量的不同比值，进行增益的重新调节，将噪声信号剥离出来，保留完整清晰的言语信号。净噪系统的优势在于精确的鉴别言语信号和噪声信号的特征和维持动态的时间常量，即使在噪声的环境中，言语可懂度也可得到一定程度的改善。

(3) 滤波带宽及通道数目

降噪系统技术的功效可以通过增加统计分析的精度来提高，在整个言语频率范围内，使用带宽更窄的滤波器组（即接近听觉系统的临界带宽），对输入信号进行分析，检测同步能量和元音的谐波成分的出现。

窄带多通道系统使降噪系统可以做得非常精确，在信噪比非常差的条件下，仍可以精确高效地检测到语音信号，使背景噪声的响度相应降低。但是，对应于背景噪声的水平和频谱，同一时间的言语信号的水平也会降低。为了尽量降低对言语信

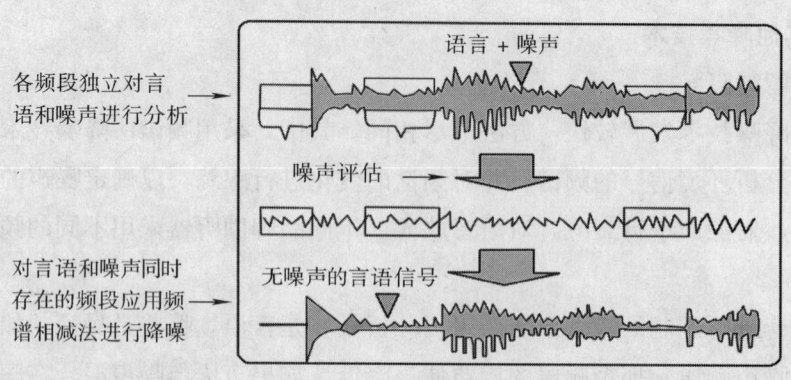

图 2—26　频谱相减法降噪

号的影响，通过采用加强型言语增强系统从所有通道获得关于信噪比的信息，并根据言语重要程度及各频率的响度关系，重新分布增益。最终效果是噪声明显降低，同时言语强度的减少被控制在最低程度。

另外，带宽越窄，滤波器的延时越长。通常假设小的延时是无关紧要的，但是最近的研究发现，即使是 5~10 ms 的延时也会带来干扰，对低频较好的听力损失者尤为明显，因而采用最小延时滤波器及高取样频率（32 kHz）来有效地使群延时最小，在言语频率范围内接近 2 ms。

（4）个性化的噪声管理模式

尽管目前降噪的处理方法不尽相同，但所有的降噪技术都将输入信号作为估计言语和噪声区别的开始模式，降噪设计都是根据噪声水平或者环境信噪比减少增益。虽然增益降低的原理是为了最小化噪声掩蔽对于言语可懂度的影响，但是，对于言语和噪声的影响程度是一致的。所以，舒适度的提高明显高于言语分辨率的提高。

目前降噪处理较好的方法之一是言语增强功能系统，即不同频段采用不同程度的降噪处理。具体而言，是在中高频部分的增益减少低于低频部分，这个功能的前提是信噪比相同。该方法有其先进性，但也有缺陷，即没有考虑个体的听力损失特征。

对于这一问题的理解可以参照彩图 1 和彩图 2。对于 40 dB HL 和 70 dB HL 的听力损失，当助听器输出都减少 12 dB 时，阴影部分是放大的言语频谱，绿线代表其平均水平，红线代表掩蔽噪声水平（吹风机噪声），黄色阴影区域代表超过患者听阈和噪声掩蔽水平的放大言语频谱，也就是可听言语部分。可以很明显地看出，对于彩图 1，40 dB HL 的听力损失，12 dB 的增益减少仍可听到大部分的言语；对于彩图 2，70 dB HL 的听力损失，同样的减少则带来对于可听言语的明显损失。

因此，必须提高增益。从逻辑上讲，任何试图提高噪声环境下言语可懂度的途径都应该包括两方面：降低增益以保证舒适度；提高增益以提高言语可听度。也就是说，必须跨越单一降噪的局限，其中最重要的是根据患者的听阈进行个性化的增益调整，以确保可听度。

言语增强系统结合言语可懂度指数（speech intelligibility index，SII）可以提高噪声环境下的言语可听度以达到最大的言语可懂度，即个性化的噪声管理模式。

SII 是一种复杂的计算方式，是基于助听器个体使用者听阈和掩蔽噪声频谱而评估言语可懂度。其应用的前提是助听器采用线性信号处理方式。有的助听器之所以可采用该技术，在于慢压缩实现了言语的瞬间线性还原。

计算 SII 的关键因素是获得准确的信息，包括言语频谱水平、噪声频谱水平、个体的听力损失水平。SII 方式曾用于线性助听器，通过在不同频段采用不同增益调整的组合及对比，获得可以达到最大言语可懂度的最佳设置。彩图 3 为两通道（低频通道、高频通道）助听器言语可懂度指数比较图。从彩图 3 可以看到 SII 在两通道增益都处于中等水平时最高（红色区域）。当每一通道的增益设置为最小或最大时，SII 最小。

同时可以看出，当每一通道的增益值有四个不同的设置时（5 dB、10 dB、15 dB、20 dB），双通道将有 $4 \times 4 = 16$ 个不同的比较。为了达到效率最优化的目的，通常有一个针对使用者的最佳设置，然后基于现实条件，根据该值进行最少量的比较、选择。

尽管 SII 原理简单，但采用该技术却是非常复杂的。从硬件指标而言，最优化是个庞大的计算过程，随参数量增加，比较也会增加，并呈几何数量级变化，这需要非常高速的计算。例如，当通道数增加为 15 通道，每一通道具有 12 个不同增益的调整，那么可比较的数目将达到 15、407、021、574、586、368 个、当进行两两比较时，其数目为 118、688、156、899、884、895、460、964、358、422、530。

因此，在以前的线性助听器时代，这一比较是在静态状况下完成的。但是，在现实环境的多变性的前提下，要达到时时分析和不断更新，以提供真实有效的参数，就必须采用高速智能的运算法则。

一旦助听器检测到较强的噪声，言语增强功能即启动，对于噪声和言语的评估通过噪声言语追踪器进行，关于噪声和言语的信息以及助听器使用者个体听阈的信息均被用于在 15 通道进行最优化处理，以达到不同频段的最高言语可懂度指数。

当输入主要为噪声时，SII 以降低增益为主，可达 12 dB，增益降低的限制在于输出不低于患者的听阈，这一点与传统的方式显著不同（没有考虑患者的听力损失情况)。SII 在 20 s 后达到最佳设置,在 20 s 之内,通过一个不同的快反应增益增加机制在需要的频段增加增益以提高言语可懂度,其最大增加幅度在中高频为 6 dB。

应用普通降噪技术如彩图 4 所示,SII 对于助听器输出的不同影响如彩图 5 所示。当助听器输出都减少 12 dB,阴影部分是放大的言语频谱,绿线代表其平均水平,红线代表掩蔽噪声水平,黄色阴影区域代表超过患者听阈和噪声掩蔽水平的放大言语频谱,也就是可听言语部分。在这种情况下,应用 SII,助听器在 2 000 Hz 处的输出明显高于传统降噪技术在该频率处的输出。

因此,SII 的降噪根据是言语频谱水平、噪声频谱水平、个体的听力损失水平。

SII 和传统的降噪相比至少有两个显著的区别。首先,SII 是为了最大化言语可懂度指数,并同时保证舒适度。而经典的降噪则是为保证最佳舒适度。其次,SII 考虑了使用者的个体听力损失情况,从而达到量体裁衣的效果。轻中度耳聋减少增益最大可达到 12 dB,而重度聋则减少增益的程度要少一些,甚至在某些频率增加增益,这些特征将有可能极大地有利于 CIC 用户在噪声环境中的聆听。

(5) 双耳佩戴助听器提高信噪比

从生理学角度出发,双耳佩戴助听器,可以充分发挥大脑听觉中枢神经系统中的双耳听觉功能,由此带来的益处有以下三点:

1) 双耳噪声抑制。双耳佩戴助听器响度可较单耳提高 6~10 dB 并可以分别降低约 5 dB 的助听器输出功率,响度需求降低对重振的听障患者显得尤为重要。如果双耳均有听力损失,而只佩戴了一个助听器,那么在嘈杂的环境中,由于信噪比的降低就会明显感觉听不清。双耳佩戴助听器,可以充分发挥大脑听觉中枢神经系统中的双耳听觉功能,有助于在嘈杂的噪声环境中提高言语分辨率,有效地抑制背景噪声,提高言语清晰度。

2) 消除头影效应。单耳佩戴助听器,头颅对声音的传播会有阻隔和衰减作用,产生头影效应。尤其对大于 1 500 Hz 的高频声,衰减可高达 10~16 dB,这对于语言的清晰度及言语的理解力非常关键。图 2—27 所示为双耳聆听可以提高信噪比,增加言语分辨率。

3) 双耳定向功能。双耳佩戴助听器有助于确定声源位置,使方向感加强。

(6) 辅助听力装置提高信噪比

辅助听力装置的一个目的是减小空间因素对于助听器配戴者使用时的影响。声强的衰减随传播距离的增加而增加,距离增加一倍,声强降低 6 dB。对于听力损

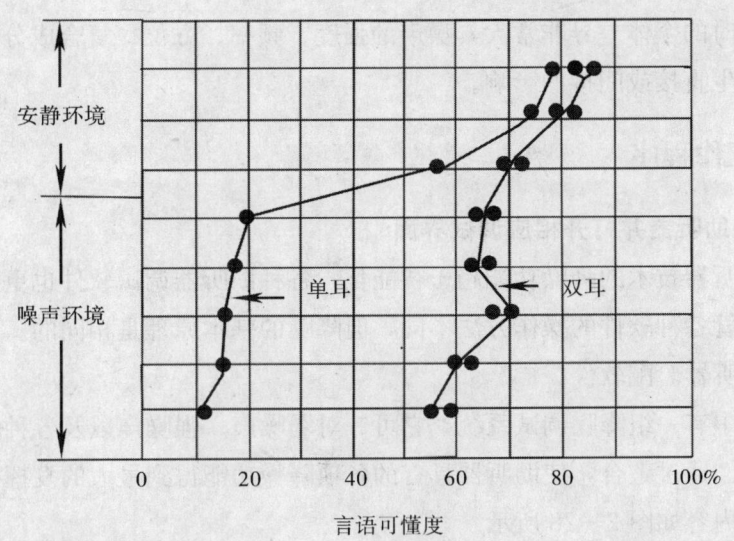

图 2—27　在不同环境下单耳和双耳佩戴助听器的言语可懂度

失较重的助听器配戴者，其助听器的接受声源范围通常以 1 m 左右的距离最为理想，超过 1 m 助听效果就会明显下降。其次是环境噪声的干扰，尤其对于听力损失较重的听障者及在信噪比较低的情况下，目前助听器的降噪技术还不能达到令人满意的效果。空间声回响是另一常见干扰因素，它是指声音信号在物体表面反射（包括窗、墙、未经特殊处理的家具等）从而产生多个"复制"却延迟的声音信号，这些声音信号相互干扰使助听器配戴者无法获得满意的使用效果。

解决以上问题常用的辅助听觉装置有无线调频接收系统（FM）、环路放大器装置（Loop System），其目的都是为了提高信噪比，改善在噪声环境下助听器的使用效果。

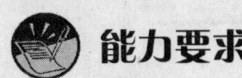能力要求

助听器降噪功能调试操作

一、工作准备

1. 依据听障者功能检查结果进行听力学分析和评估

根据每位听障者的听力学测试结果、听障者实际的听觉功能状况、经常使用的环境和对降噪效果的期望值作综合分析。

2. 对症选择助听器

对症选择助听器是一个比较、实践的过程。大量的临床结果表明，听障者在感

受降噪效果时的个体差异非常大，噪声的强度、频率、方位、复合成分均可能对降噪的效果产生直接或间接的影响。

二、工作程序

1. 连接助听器并打开相应调试界面

现代助听器技术的降噪功能趋于智能化，各种助听器调试软件也更加简便、易于操作，尽管各种软件的操作方法不同，但降噪的基本原理是相同的。下面介绍其中的一种助听器验配软件。

该软件中有一组降噪调试系统，它可针对弱噪声、强噪声以及各种噪声源进行独立的调整。通过整合，使助听器具有的各项降噪功能得到最大的发挥。降噪调试界面的相关内容如图2—28所示。

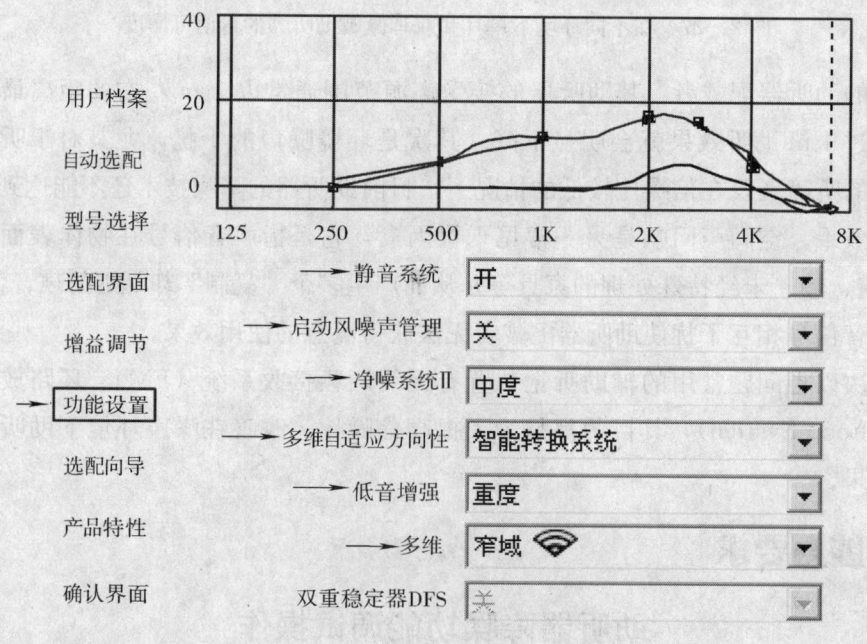

图2—28 降噪调试界面

2. 根据佩戴者聆听环境选择降噪功能种类

（1）静音系统

静音系统（见图2—29）主要是为了降低环境中弱噪声水平对听者的影响，如计算机、风扇声等。听力损失较轻的患者可以开启该功能。

（2）风噪声管理系统

风噪声管理系统分为关、轻度、中度和重度4挡（见图2—30）。风噪声管理

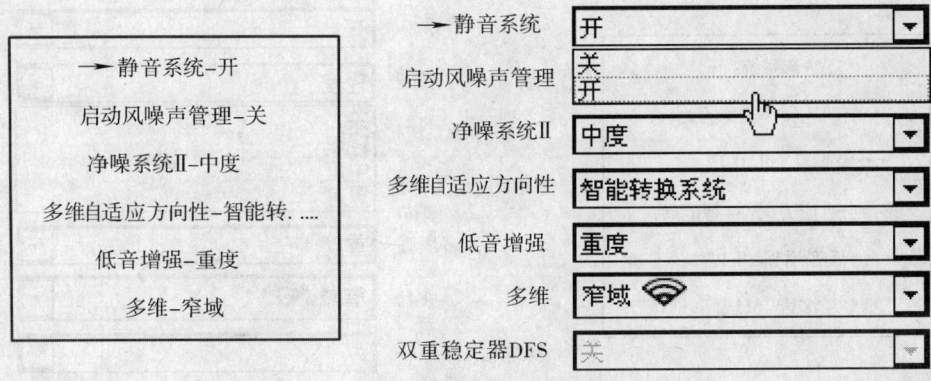

图 2—29　静音系统

系统可依据患者经常使用的环境进行设置。

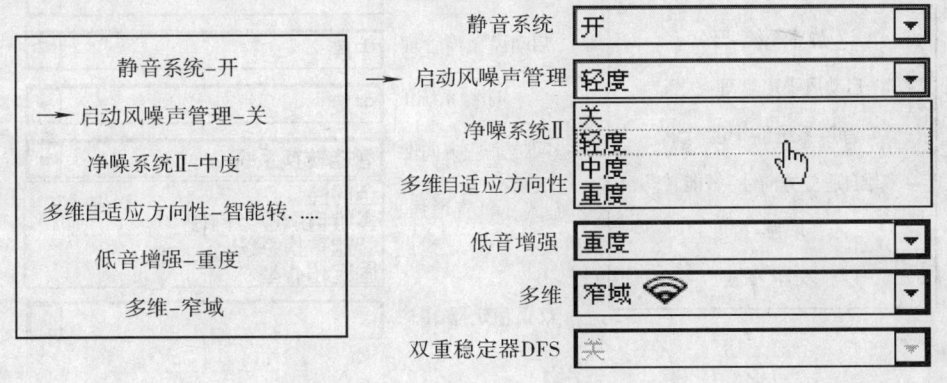

图 2—30　风噪声管理系统

(3) 净噪系统

净噪系统（见图 2—31）主要进行语言和噪声的区分，在不影响言语信号的情况下提供更多降噪，尽可能保留语言信息，提高清晰度。净噪系统分为关、轻度（-3 dB 弱噪声）、中度（-6 dB）、重度（-10 dB 强噪声）4 挡。依据患者经常使用的环境进行设置。

(4) 多维自适应方向性系统

多维自适应方向性—智能转化系统提供全向性、多维自适应方向性、智能转换系统和固定超心型四种选择模式（见图 2—32），以满足多样化的需求。可以根据患者的要求提供个性化的选择。

(5) 低音增强系统

当方向性系统开启后会使助听器的低频能量衰减，低音增强系统（见图 2—33）可以对低频能量进行补偿，从而改善音质，并提高声音清晰度和饱满度。

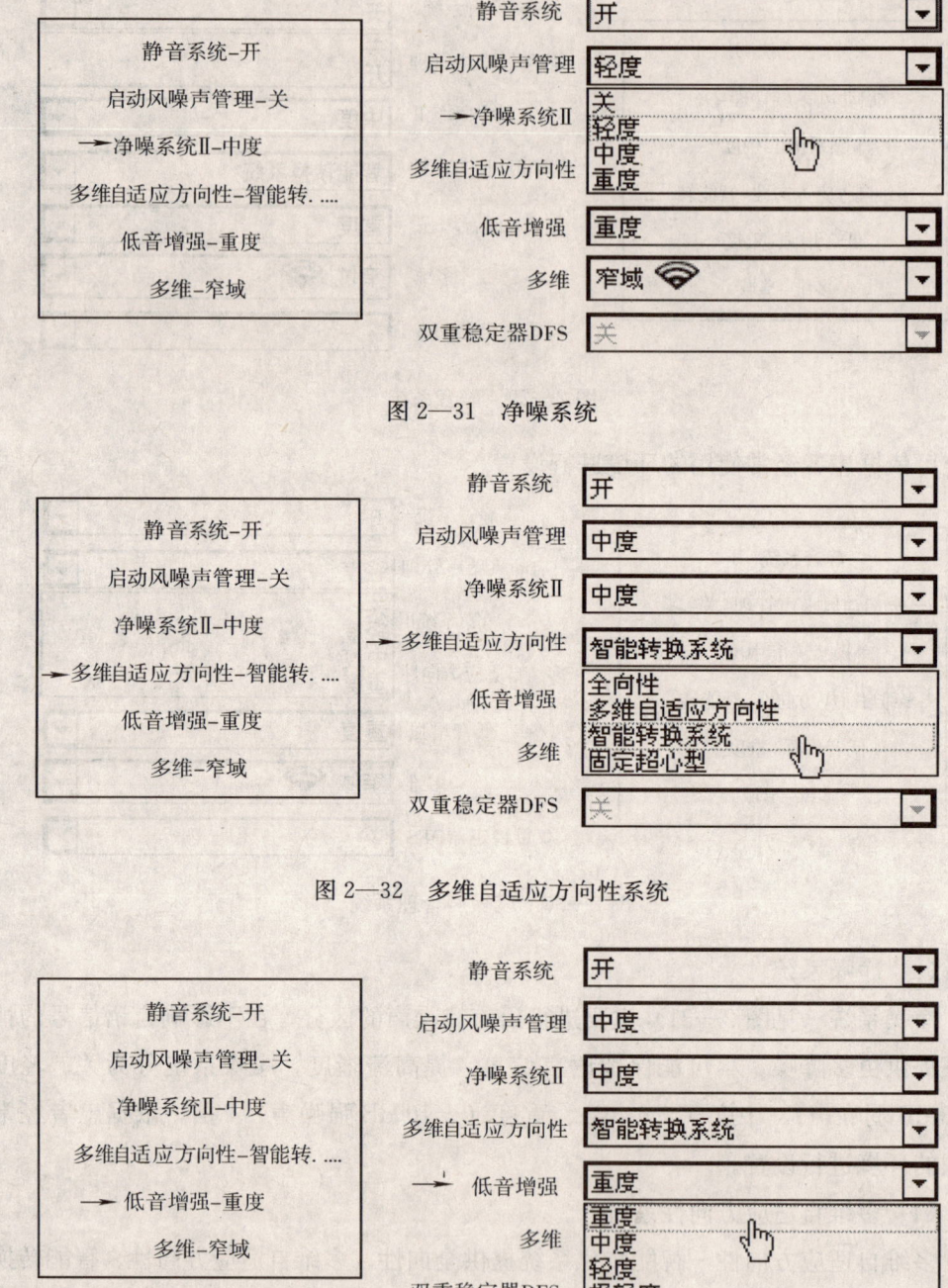

图2—31 净噪系统

图2—32 多维自适应方向性系统

图2—33 低音增强系统

(6) 多维—宽度域系统

多维自适应方向性提供三个不同宽度阈：窄阈，-80°；中阈，120°；宽阈，

180°（见图2—34）。通过设置不同宽度域来突出多维自适应方向性的作用。可以根据患者使用环境的要求提供个性化的选择。彩图6是多维—宽度域系统极向示意图。

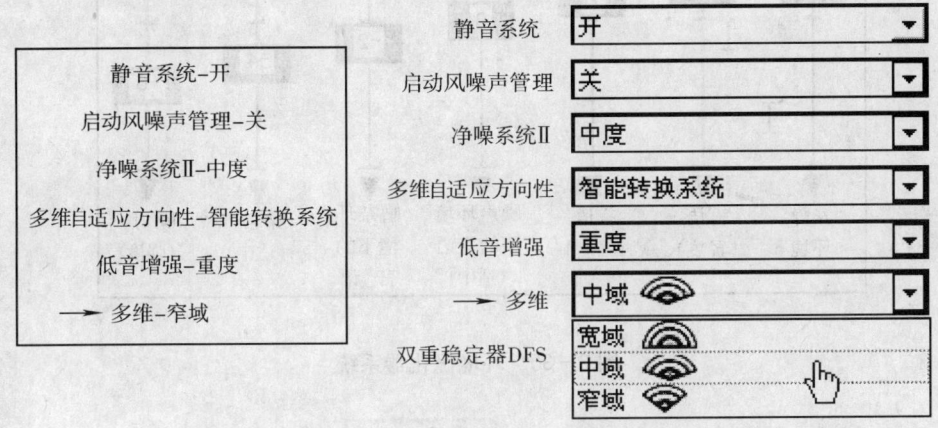

图2—34　多维—宽度域系统

（7）环境优化器系统

环境优化器可以在不同环境中自动地、实时地判断周围环境并进行分类，优化增益补偿，提高言语理解度和佩戴舒适度。可以通过选配软件自动设置七种环境下的增益补偿，也可以通过助听器验配师调整各种环境的增益设置。七种环境如下：

1）安静环境（＜54 dB）。例如，大自然中散步。

2）轻度言语（＜60 dB）。例如，儿童对话。

3）强度言语（＞60 dB）。例如，商务会谈。

4）适中噪声环境下的言语（＜75 dB）。例如，儿童玩耍时的对话。

5）嘈杂环境下的言语（＞75 dB）。例如，露天咖啡馆。

6）适中噪声（＜75 dB）。例如，公共场所。

7）强噪声（＞75 dB）。例如，马路上。

将安静环境、言语（轻度）、言语（强度）环境的增益略增加，目的是提高上课听讲效果，将噪声环境下的言语等后几种环境的增益略降低是为了改善聆听的舒适性（见图2—35）。

（8）多聆听程序系统

图2—36表明，利用助听器使用程序的多样化，可以达到降噪的目的。

每种助听器选配软件中的降噪系统设置和调试步骤均不相同，因此，在调试前必须对每种软件中每一项内容的概念、含义和作用有清楚的认识。

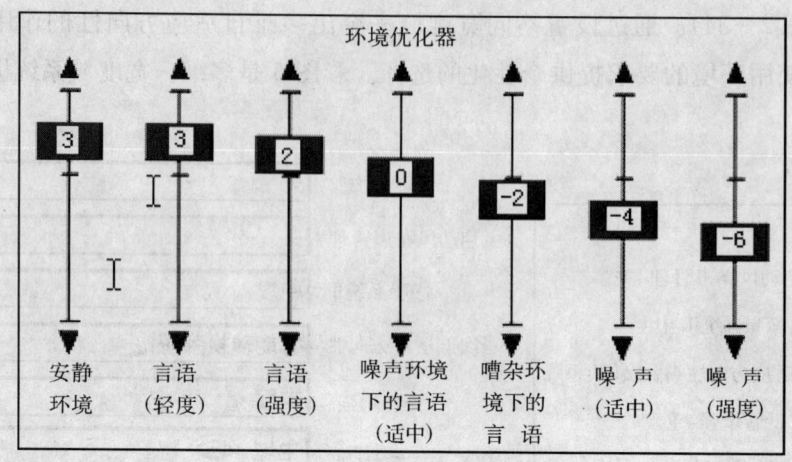

图 2—35　环境优化器系统

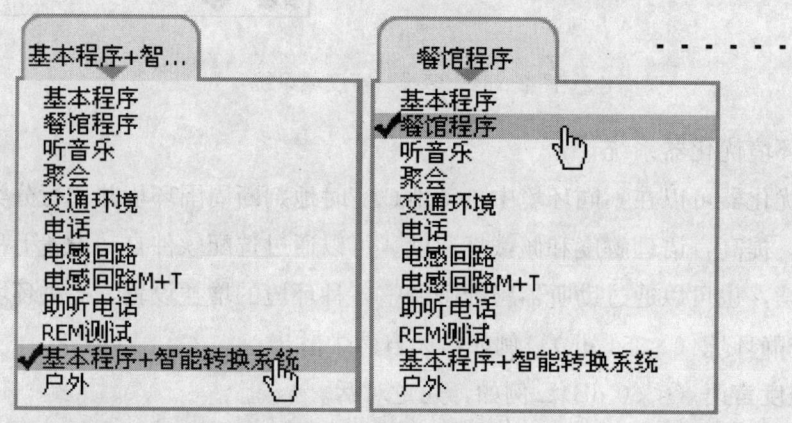

图 2—36　多聆听程序系统

综合助听器各项降噪功能的特点，针对每位个体进行个性化的选择，注重科学评估和实践效果相结合，经过多次反复调试才有可能达到降噪效果的最大化。

3. 保存降噪设置

各种助听器软件中功能的设置都是在助听器选配结束后按照各种软件的操作指南进行的。因此，保存降噪功能的设置可以按操作指南完成。

思 考 题

1. 降噪的主要目的是什么?
2. 降噪调试的原则是什么?
3. 降噪技术的发展方向是什么?

第3章 效果评估

第1节 背景声中的选择性听取

 学习目标

- ➢ 背景声中选择性听取的概念及意义和噪声环境下的听觉功能评估
- ➢ 能进行背景声中选择性听取测试操作
- ➢ 能够正确摆放输出噪声的扬声器位置
- ➢ 能够利用声级计标定噪声输出强度并正确设置信噪比
- ➢ 能在背景噪声中识别言语听觉

 知识要求

一、背景声中选择性听取的概念及意义

1. 背景声中选择性听取的概念

言语测听是用言语信号作为刺激声来评价言语察觉阈和言语识别能力的听力学检查方法。背景声中选择性听取是指听觉系统能将言语信号从具有背景噪声的干扰信号中选取识别出来的能力。其评估结果可用言语识别得分表示。

2. 背景声中选择性听取的意义

（1）选择性听取能够评价被试者配戴助听器后在日常生活环境中对言语理解程

度的听觉功能状态。

(2) 能够判断助听器编程调试的合理性及补偿效果是否达到优化。

(3) 通过评估可了解听觉中枢对复杂声音信息的处理能力。

(4) 为助听器进一步编程调试及听觉训练计划的制订提供依据。

二、儿童言语测试需考虑的因素

言语测听是一个综合的听觉功能评估,言语测试方法开发针对性较强。儿童的自身特点有别于成人,体现为听觉系统发育程度、心理状态、视觉、智力、反应能力等方面,这决定了应对儿童言语测试内容、形式设计和测试结果记录分析等应结合内外部因素具体考虑:第一,内部因素包括儿童的年龄、词汇量、理解能力、学习能力、自我控制能力、有无其他疾病或残疾等儿童自身的情况。在选择测试项目、测试手段等时要根据患儿本身的特点进行。第二,外部因素包括测试过程中反应方式的设计,测试人员的技巧等。评价儿童言语感知能力不易直接测试,需要孩子配合参与测试过程,在设计上要使用较明确的反应方式。如果孩子不能明白测试要求或不能、不愿参加,则得到的测试结果必然不能准确反映真实情况。

Olsen 和 Matkin (1979) 指出,儿童可接受词汇的选择、恰当的反应方式的设计、强化技巧的应用都是影响儿童测试稳定性和变异性的因素。儿童口语识别与年龄有关,受词汇量、语言能力和决断能力限制,因此成人言语测听的方法不适用于儿童听力损失听障者。针对儿童发育特点,评价儿童言语听辨时尤其是噪声下言语听辨能力必须考虑以下几点:

1. 给声方式

目前常采用录音给声(事先录制好测试材料,然后用放音设备播放声信号)和现场监控口语给声两种方法,但存在一定争议。其中录音给声又分为耳机给声和声场给声两种。录音给声易于建立统一的给声模式和有利于声场校准,多次测试有良好的一致性、可靠性和较高的可比性。现场监控下直接口语给声易于掌控和实施,接近生活实际,更适合于儿童。噪声下测试由于需要控制信号和噪声强度,一般采用录音给声方式;如采用口语给声方式,口语测试音一般控制在 70 dB SPL,可在规定的距离依据所需要的信噪比设定噪声强度,例如要求信噪比为 10 dB,可将噪声强度标定为 60 dB。

2. 反应形式

儿童的反应方式分为开放式和封闭式。封闭式是指给被试者固定数目的备选答案,从中选择听到的声信号内容,这种测试方式的优点是对受试儿童要求较低,可不具有说或写的能力，易于操作。但封闭式测试存在一定的机会概率，所以测试结果得分可能高于真实水平。开放式是指测试不提供备选答案，儿童听到声信号后可采用应声复述的回答方式，没有固定备选答案的参照，对儿童尤其对听力障碍儿童，这种方式难度较大，如当儿童无法作出口头反应、过于害羞而不予配合，或表达能力欠佳、说话含糊不清使检查者无法识别对错时，不宜选择开放式测试。所以，通常在儿童言语测听时，开始进行相对容易的封闭式测试，然后可根据需要选择较难的开放式测试。

3. 环境因素

环境因素包括竞争性噪声、混响、声源距离等。当有背景噪声、混响和加大与声源的距离或改变与声源的方向，会削弱到达被试者鼓膜处声信号而增加识别任务的难度。

三、背景噪声环境下的听觉功能评估

在现代社会中，噪声下的言语理解及交流是一项最基本的技巧，日常生活和工作中的交流多是在噪声条件下进行的。许多研究表明，与正常听力人群相比，感音神经性听力损失人群面临的最大障碍是在噪声下的言语识别与理解。也有听觉功能低下者在纯音听阈及安静环境下的言语识别能力都在正常范围，但在日常噪声环境下言语识别障碍。尽管噪声下的言语测试方法对听觉系统损伤的定位没有显著帮助，但却能快速可靠地预测和评估放大装置的效果以及评价听觉功能低下听障者的损伤程度。因此，噪声下言语测试也逐渐为人们所重视，各种测试材料也随之开发出来并日臻完善。

1. 背景噪声环境下的听觉功能评估目的

判断听力损伤；评价听觉言语交流的能力；了解中枢听功能；评价听力康复的效果和为实施听力康复方案提供参考；选配和评价助听器等助听装置；预估人工耳蜗植入效果。

2. 背景噪声环境下测试需考虑的问题

（1）噪声下言语材料的设计

目前用于噪声下言语测试的材料主要有两种：一种是已有的测试材料，测试者在此基础上按设计思路给出不同噪声进行测试，如 PB－50（phonemically balanced-50）词表、Fournier 法语双音节词表等。另一种是专门开发的言语测试材料。由于用噪声干扰言语信号，噪声下的言语测听比安静下的言语测听的难度要大得多，因此，编制的言语材料就要相对简单，言语冗余度要大，而音素材料、单音

节词材料等则不适用于噪声下的言语测听。

（2）测试材料的选择

噪声下的言语测听一般选用的言语材料为扬扬格词和短句。在双音节词表中，主要选用扬扬格词。扬扬格词是两个音节重音相等的双音节词，扬扬格词的强度稍增加即可使言语清晰度有明显提高，是临床测定言语识别阈（speech recognition threshold，SRT）的理想材料，而且使用扬扬格词表测试具有快速、简单的优点。短句材料更接近日常生活中的言语交流，能够代表正常的言语谱分布，并具有日常交流的动态特性，而扬扬格词则不具备这些特点。第一，扬扬格词之间是孤立的，不代表正常的言语谱分布，没有起伏和语调及停顿，所以不能反映自然的言语交流；第二，扬扬格词选词编制要限制一定数量，所以临床应用时若需要重复测试，易出现学习效应；第三，扬扬格词持续时间较短，常不能满足当前许多助听设备的动态处理特点，因此助听设备使用者的测试结果易受影响，而短句材料由于持续时间长，且言语冗余度较大，所以用于SRT的测试时，能够正确地评价听功能的状态及放大装置的效果。

（3）噪声分类及对言语清晰度的影响

噪声下言语测试的背景噪声包括：白噪声（white noise，WN）、言语噪声（speech noise，SN）、嘈杂语噪声（babble noise，BN）等。白噪声是指功率谱密度在整个频域内均匀分布的噪声。早期的研究多使用白噪声，随着数字信号处理技术的发展，白噪声逐渐被另外几种更能反映日常生活状况的噪声所取代，但仍用于与其他噪声的比较，因此仍起着重要的作用。言语噪声是模拟语音包络特征的经过滤波的稳态噪声或是根据测试材料的长时频谱特征合成。噪声频谱与言语长时频谱越接近，同一信噪比的改变对言语清晰度的影响越大，言语噪声竞争下言语识别得分结果较稳定、对听力损失敏感，是开展噪声竞争下言语测听的首选竞争噪声。嘈杂语噪声是近年应用较多的一种语音噪声，由8~12人同时讲话录制而成，其频谱与言语长时平均频谱接近。稳态噪声干扰不及多人嘈杂语噪声更能反映日常交际场景。但嘈杂语噪声具有较高的波动性，因此在使用多人谈话声为干扰噪声时，绘制每句的心理测量函数，并逐个调整每句的同质性，就显得尤为必要。

同一噪声下，信噪比越小识别率越低，信噪比越大识别率越高。不同噪声下，50%识别率水平时的信噪比有明显差别，言语识别得分在白噪声时最小，在嘈杂语噪声时最大，说明不同噪声对言语接受的影响不同。广华平等通过测试正常人、耳蜗性聋听障者以及曹永茂等通过对传导性聋听障者的测试也发现，在不同的噪声环境下，言语识别得分不同，识别率由高到低的顺序为SN＞WN＞BN。

（4）频率择取能力

频率择取能力是指听觉系统能将某一频率成分从一个复杂的信号中选取出来的能力。此能力是被认为从其他干扰声音中（如背景噪声）探知某一声音时非常重要的。在背景噪声中探知一种声音，听力正常者将选定接近这个信号的滤波器。只有在滤波器带宽内的噪声成分，才具有屏蔽信号的作用。在正常听觉系统中，滤波器相对窄，除信号频率周围一个限定的带宽外的全部背景噪声被消除。由于信号的听阈受噪声总量的影响，这种滤波器的作用在噪声中接受信号时非常重要。各种相关研究证实，感音神经性耳聋病人频率择取力普遍下降。频率择取力差，可对干扰声音的屏蔽效应具有较高的敏感性，其原因是听力下降听障者的滤波器带宽增加，更多的噪声通过滤波器，信号的探知能力下降，表现为在噪声环境中，感音神经性耳聋听障者的言语接受能力很差。Crandell研究显示，频率择取与噪声中言语接受显著相关（r=0.81～0.91），具有相似听力下降程度和听力图的感音神经性耳聋听障者频率择取力具有相当的稳定性。

（5）固定信噪比测试方法

分别测试几个固定信噪比下的言语识别得分，如 Garin P 等人使用鸡尾酒会声音作为背景噪声，强度固定在 55 dB SPL，测试时 S/N 分别为 −5 dB，0，+5 dB，结果为不同信噪比下被试者的言语识别得分。自适应性测试使用适应性方法，噪声强度固定，不断调整言语声给声强度（调整信噪比）来寻找被试者的言语识别阈，如 HINT 测试中，噪声强度固定在 65 dBA，双耳同时给出噪声和言语时，初始给声强度为 0 dB（S/N），然后按一定的方法不断提高或降低言语声的强度，找到被试者的言语识别阈。

（6）测试结果的表达

1）言语识别得分（speech recognition score，SRS）。安静环境下测得的言语识别得分结果在病变性质部位的诊断、评价交谈能力和疗效及康复效果的评定方面有重要意义。在噪声下检查言语识别得分，对评估噪声性听力损失耳的交谈能力、对助听器的选配和评价等有实用价值。将在不同言语声强度下测得的言语识别得分连成言语识别曲线。言语识别曲线随信噪比的改变而改变。不同类型的听力损失（如传导型、蜗型、蜗后型）相当于受不同噪声的干扰，言语识别曲线受到相似的影响。当信噪比不利于识别言语时，感音神经性听力损失耳比正常耳在相同信噪比时的识别率更差。不同类型的噪声在相同的信噪比下，言语识别得分可不相同，以多人谈话声为背景，不仅识别率会明显降低，而且检查表中"易懂的"检查项也变得难懂。在安静环境中是等效的不同词表，在多人谈话声下则不再等效。有人比较正常青年人和噪声性听力损失者在多人谈话声中的言语识别得分，两组得分虽都下降，但差异很大。

2）言语识别阈（speech recognition threshold，SRT）。言语识别阈是指对某种言语检查材料聆听者能听懂50%言语信号所需的最低的言语级。在言语测听中，常用言语听力级（hearing level of speech）表示言语信号级，言语听力级是以基准言语识别阈级为0dB HL，即对足够多的18岁至25岁的耳科正常人按规定的方法和用规定的言语检查材料，测得他们听懂50%言语信号时的最低言语级（言语识别阈）。计算这些正常被试者的言语识别阈级的平均值，即为基准言语识别阈。这种适应性的测试方法可避免最高和最低效应的出现，使测试结果更加可靠并能得到与P—I function曲线（强度—得分曲线，根据不同信噪比得到的言语识别得分绘制成的曲线）同样的效果，同时缩短了测试时间，满足了临床测试简便易行和高效可靠的要求，但是对测试材料的同质性要求较高。

3. 儿童噪声下言语测试材料

（1）美国西北大学儿童言语感知测试

美国西北大学儿童言语感知测试（northwestern university children's perception of speech test，NU-CHIPS）是由Elliott和Katz（1980）根据3岁正常儿童的词汇量设计的，由50个单音节词组成，采用指认图片的封闭式测试。分为安静环境和三种固定信噪比的噪声测试（S/N=-4，S/N=0，S/N=+2），其中噪声采用白噪声。Chermak，Pederson和Bendel（1984）对NU-CHIPS噪声下测试的可靠性提出质疑。Andrew Stuart在2005年改进了NU-CHIPS的噪声部分用来研究学龄儿童在持续和间断噪声中听觉时间解析能力的发展，采用宽带噪声，信号声设为30 dB SL，信噪比分别为S/N=10，S/N=0，和S/N=-10。

（2）幼儿言语识别测试

幼儿言语识别测试（pediatric speech intelligibility test，PSI）由Jerger在1984年为3岁以上儿童开发的闭项式图片指认测试，其目的是获得儿童识别词和句子能力及鉴别诊断儿童听觉外周系统和中枢系统的障碍。测试包括词表和句表，句表由简单的安静环境下的测试到难度逐渐增加的噪声下测试组成，噪声采用多人谈话噪声。对于CI儿童，言语给声扬声器位于儿童正前方（方位角0°），竞争句子给声扬声器位于非植入CI一侧，与前方成90°。安静条件下，正确率≥80%可进行竞争环境下测试，竞争噪声下难度根据信号噪声比（message-to competition ratios，MCRs）分为三个等级，分别为+10 dB MCR（竞争强度低于测试强度10 dB），0 dB MCR，-10 dB MCR。儿童在某一MCR正确率≥20%可以进行难度更高的 MCR 测试。

（3）方向性噪声下聆听—句子测试

方向性噪声下聆听—句子测试（listening in spatialized noise－sentence test，LISN）由 Sharon Cameron 和 Harvey Dillon 在 2007 年开发，用来评估中枢听觉处理障碍（central auditory processing disorder，CAPD）儿童。Jerger（1998）认为不能有效地利用信号到达两耳的时间和强度差线索从噪声环境中区分目标信号，导致不能进行精确的空间定位，这是中枢听觉处理障碍的主要原因。本测试的目的就是评估噪声中识别言语能力，包括双耳相互作用。采用多人谈话噪声，要求被试者重复听到的句子，根据被试者的反应得到言语识别阈，并进行了 5～11 周岁儿童的正常值测试。

（4）儿童版噪声下言语测试（hearing in noise test－children，HINT－C）

美国 House 耳科研究所在 1996 年根据 Bench－Kowal－Bamfod（BKB）英语句子开发了噪声下言语测试（hearing in noise test，HINT）的成人版测试句表，随后根据 6 周岁儿童的听觉理解能力改编出儿童版本。BKB 句子在长度、难度、理解力一致，并且符合音素平衡原则以保证句子的同质性。HINT 测试要求被试者复述听到的句子，采用根据被试者反应调整句子强度的自适应性测试，结果用信噪比表示（signal－noise ratio，SNR），鉴于自适应性的测试过程，本测试采用强度较稳定的言语谱噪声而不是模拟日常生活噪声来增加结果的可靠性。HINT 可用来评估安静环境及不同方向噪声（前方噪声、右侧噪声和左侧噪声环境）条件下语句识别能力，并且已经开发出多语言版本，如英语版和法语版的儿童 HINT 已经进行了各年龄段儿童的正常值测试，并且推荐儿童版测试材料的最高适用年龄分别为 13 周岁和 12 周岁。

（5）中国儿童版选择性听取能力评估

随着国内人工耳蜗植入儿童的数量日益增多、植入年龄越来越小以及对儿童中枢听觉功能处理障碍的日益重视等，促进了国内儿童噪声下言语测试研究的进一步发展。各国儿童言语发育过程中除存在人类言语发育的统一性和共性外，同时还存在本国母语的独特性。汉语与英语比较，音位在音节和词中的分布位置与组合方式有其自身的特点，因此不能将英语测试材料直接翻译应用于临床，但是可以借鉴其理论和研究方法进行开发性的研究。目前我国噪声下对儿童的言语测试材料可以大体分为两种：

1）自主研发的测试材料。中国聋儿康复研究中心孙喜斌教授、高成华教授于 1991 年开发了聋儿听觉言语康复评估词表，在评估室中通过计算机能模拟 16 种日常生活中不同的环境噪声，在听觉评估时可依据被试者的实际需要选择使用。环境噪声可以通过在被试者不同方位的扬声器给出，言语信号声可由口语发声或连接听力计的扬声器发声。其信噪比可依测试需要设定并由声级计控制，其评估词表有双音节词和短句。测试时通过在不同信噪比的环境噪声中选择性听取目标信号声的言语识别得分，来判断被试者佩戴助听器或人工耳蜗植入后听觉识别能力。2001年研发了听觉言语评估计算机导航系统。该系统词表完全以图画形式出现，评估过程当被试儿童注意力不专注时可启动动画鼓励，整个测试在被试儿童游戏中完成。其步骤为：第一步，输入被试者一般信息，建立评估档案。第二步，进入听觉评估界面选择功能评估。第三步，进入言语信号声音量校准状态，将声级计放置在参考测试点位置，分别对左右扬声器校准。第四步，进入词表列表页面，确认选择性听取项目。第五步，进入选择性听取词表列表，依据测试目的确认选择双音节识别词表或短句识别词表。第六步，进行词表及参数设置：①词表出现随机性设置。②有16种背景环境声可供选择。③背景环境声音量调试。④言语信号声出现间隔时间选择。⑤言语声出现方式选择设有计算机控制声场发音模式和口语发音模式（计算机处于静音状态）。⑥信噪比选择。⑦鼓励动画自动或手动选择。第七步，开始测试。第八步，存储或打印测试结果。

2003年，该评估系统的听觉言语评估词表及测试图卡通过了不同年龄段健听儿童测试，语音词表的语图相似性分析，与汉语言语清晰度指数（国家标准）比对分析及儿童汉语语音平衡分析等儿童词表的标准化研究，使该词表使用日趋成熟，被国内聋儿康复系统、医疗系统广泛应用于儿童言语听觉能力评估及助听器验配、人工耳蜗植入后的康复效果评估。

2）二次研发的测试材料。二次研发的测试材料是借鉴国外已经开发成熟的噪声下测试理论结合国内普通话儿童的语言特点开发的汉语普通话版本。例如有的研究机构正在编制的普通话版幼儿言语识别测试（PSI），北京市耳鼻咽喉科研究所刘莎教授和香港大学黄丽娜教授完成了汉语普通话噪声下言语测试（MHINT）的研究工作，目前编制的儿童版也已经完成了各年龄段儿童正常值的测试，有望在不久后进行广泛的临床应用。MHINT测试材料使用了更能代表日常交流的短句作为检查项，这种材料可以用于诊断听力障碍，如回跌型的曲线提示蜗后损伤。传统的言语测试材料一般使用单音节词，由于单音节词材料中缺少冗余度，言语幅度的变化也比较小，不能预测日常生活中的实际交流能力。而短句材料具有日常交流言语的动态特点，与助听器的特性更具交互作用，如可以满足数字化助听器对声音的处理具有的起始和释放时间的特点。根据6周岁儿童的听觉言语能力对成人句表进行改编获得了儿童版普通话噪声下言语测试（mandarin hearing in noise test－children，MHINT－C）。由于儿童的听觉言语能力处于不断的发育过程中，不能照搬成人的测试材料，需针对不同年龄段儿童的特点开发出合适的测试材料。

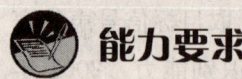 **能力要求**

背景声中选择性听取测试操作

一、工作准备

1. 连接测听设备及声场校准

背景噪声中选择性听取测试有以下三种方法：

（1）口声言语听觉评估

1）确定参考测试点位置和测试者位置。

2）检查声级计工作状态。

3）将声级计置于参考测试点标定口语声音强度。

4）通过录音机或CD机给出背景环境噪声，选择适当的信噪比，背景环境噪声强度可由声级计标定后固定其音量位置。

（2）声场言语听觉评估

1）确定参考测试点位置和测试者位置。

2）将录音机或CD机通过外接连接于听力计。

3）通过连接听力计的扬声器给测试音。

4）通过录音机或CD机给出背景环境噪声，选择适当的信噪比，背景环境噪声强度可由声级计标定后固定其音量位置。

（3）听觉言语评估计算机导航系统

1）检查电源连接及设备工作状态。

2）确定参考测试点位置。

3）声场校准。

2. 标定背景噪声强度

（1）应用计算机导航评估系统

可通过软件调试及声级计标定实现，测试信号声与背景环境噪声可用声级计在参考测试点分别校准并确认存储。声强信号声与背景环境噪声可以按选定的信噪比融入同一声道发出声音。

(2) 口声言语听觉评估和声场言语听觉评估

背景环境噪声校准是相同的，首先确定噪声源与测试耳角度（0°、45°、90°、270°），距离1 m，将声级计置于参考测试点，依据所需要的信噪比标定噪声强度。例如依据被试者的听觉能力不同信噪比可设定为0 dB、10 dB、20 dB进行听觉评估。

二、工作程序

1. 口声言语听觉评估或声场言语听觉评估

（1）确定参考测试点位置

被试者坐于参考测试点位置，测试者坐于被试者较好耳一侧，距被试者0.5 m，并排而坐避免目光接触。

（2）确定背景环境噪声音源位置

一般置于被试儿童的正前方，播放噪声的音响设备距离被试儿童1 m。测试者并排坐在被试儿童相对较好耳一侧，间隔0.5 m（见图3—1）。

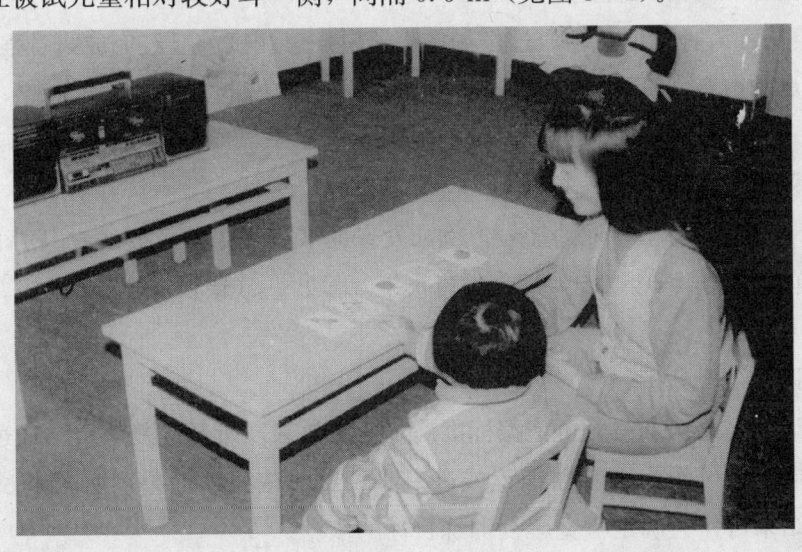

图3—1　环境噪声音源播放位置

（3）背景环境噪声的选择

CD光盘有16种声音，可依据被试者经常生活学习环境的特点选择背景环境声。

（4）确定背景环境噪声强度

依据被试者的实际情况或评估目的不同选择不同的信噪比，一般为0 dB SPL、

10 dB SPL、20 dB SPL、30 dB SPL，如正常言语声为 70 dB SPL，背景环境噪声强度可分别控制在 70 dB SPL、60 dB SPL、50 dB SPL。将声级计置于参考测试点，按测试需要的信噪比校准噪声强度。

（5）选择测试词表

依据测试目的不同选择双音节词识别或短句识别。如在噪声环境中测试评估其识别连续语言的能力可选择短句识别，如果评估其言语可懂度可选择双音节词识别。

（6）选择测试方法

依据被试者的听觉言语实际及年龄不同，可选择封闭性测试（听话识图）或开放性测试（听说复述）。

（7）给测试音途径

1）口声言语听觉评估。测试者口声发音，其声音强度控制在 70 dB SPL 左右（可用声级计检测声音强度），发音时注意避免与被试者目光接触，每个测试词可发音一次，让被试者指认或复述。

2）声场言语听觉评估。通过声场扬声器发声，测试前已经完成声音强度校准，参考测试点的声音强度控制在 70 dB SPL。测试者依旧与被试者并排而坐，控制被试者的注意力，在封闭项测试中出示回收词表图片。

（8）评估结果记录

只记录发音词与错答词的序号，例如发音词卡片为 3 号，被试者识别卡片号为 5 号则简单记录为（3）—（5），即（发音词卡片号）—（错误识别卡片号）。被试者正确识别卡片号不记录。

（9）评估结果分析

通过计算言语识别得分可依据标准确定助听效果及听觉康复等级。通过听觉识别错误走向分析可作为助听器编程或进一步调试的依据，如果助听器调试达到优化，评估结果可作为确定听觉康复训练目标的依据。

2. 听觉言语评估计算机导航系统

（1）开启评估系统

进入听觉言语康复计算机导航系统，按"继续"键进入学生列表，输入被试者一般信息（见图 3—2、图 3—3）。

（2）建立评估档案

按"新建"进入填写个人信息界面（见图 3—4），按要求逐一填写后，按继续键进入听觉评估界面选择功能评估（见图 3—5）。

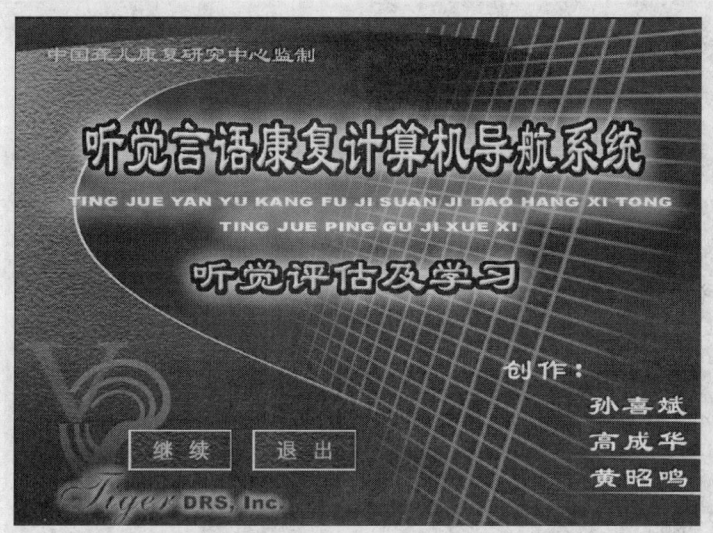

图3—2 听觉言语评估计算机导航系统

图3—3 输入被试者一般信息

（3）声场校准

按"功能评估"键后进入声场校准状态（见图3—6），将声级计置于参考测试点，依据要求分别校准左右声道后，按下双耳测试模式。声场校准完毕后按"继续"键，进入功能评估主菜单（见图3—7）后，按"选择性听取"键进入该项目的词表选择（见图3—8）。

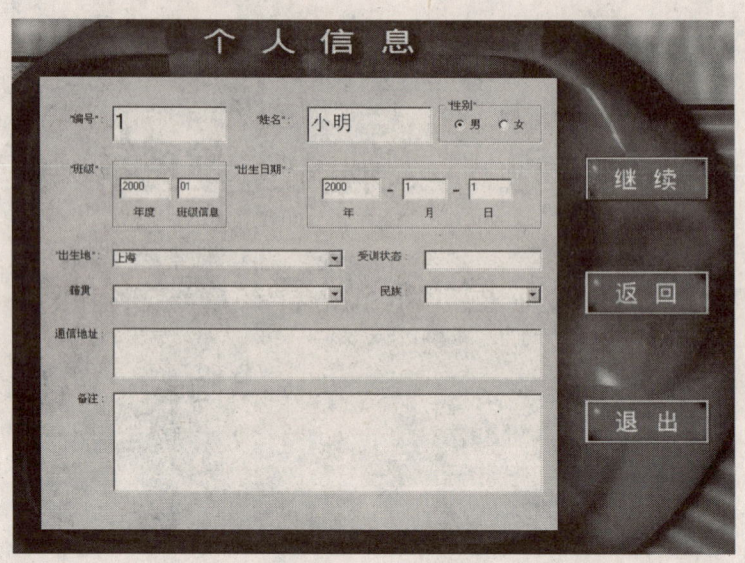

图 3—4　建立个人档案

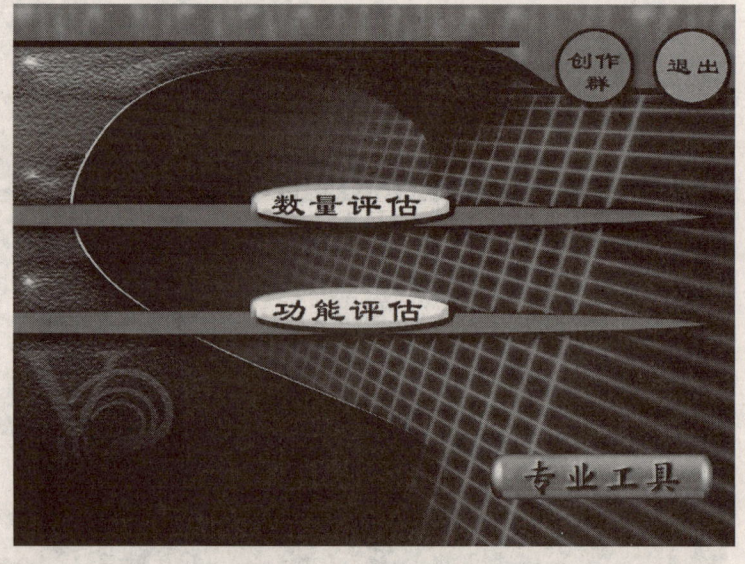

图 3—5　选择功能评估

(4) 词表测试参数选择

　　进入选择性听取词表列表后，出现双音节词识别词表和短句识别词表，可依据测试目的确认词表。例如选择短句识别可按下"短句识别"键进入短句识别参数设置（见图 3—9），短句识别有四组词表，每组五句。"缺省"代表原定测试词顺序。按下"随机"键，则打乱原有的组内词序和组建词序，测试词可随机出示。按下"参数设置键"出现参数设置界面（见图 3—10）。

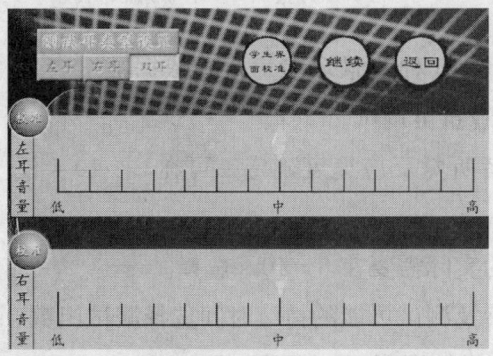

图 3—6 声场校准界面

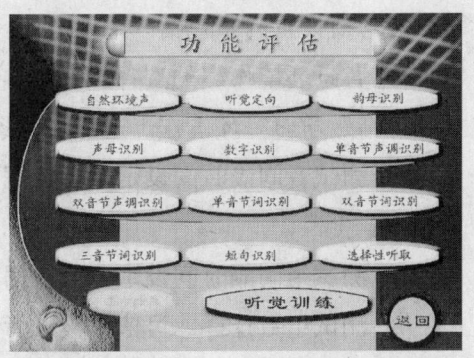

图 3—7 功能评估主菜单

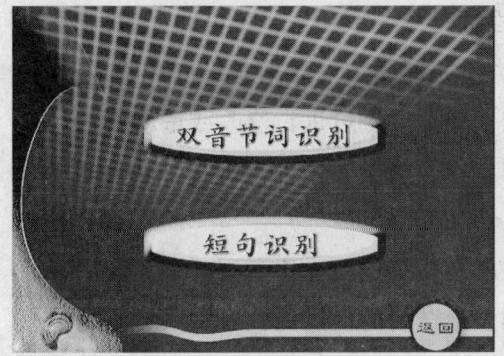

图 3—8 词表选择

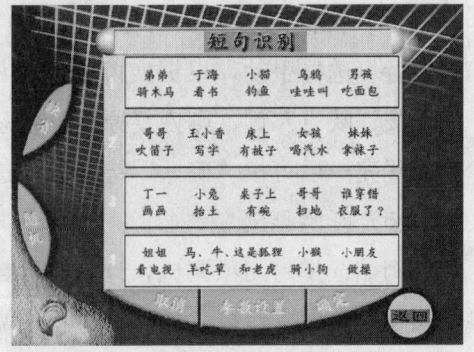

图 3—9 短句识别参数设置

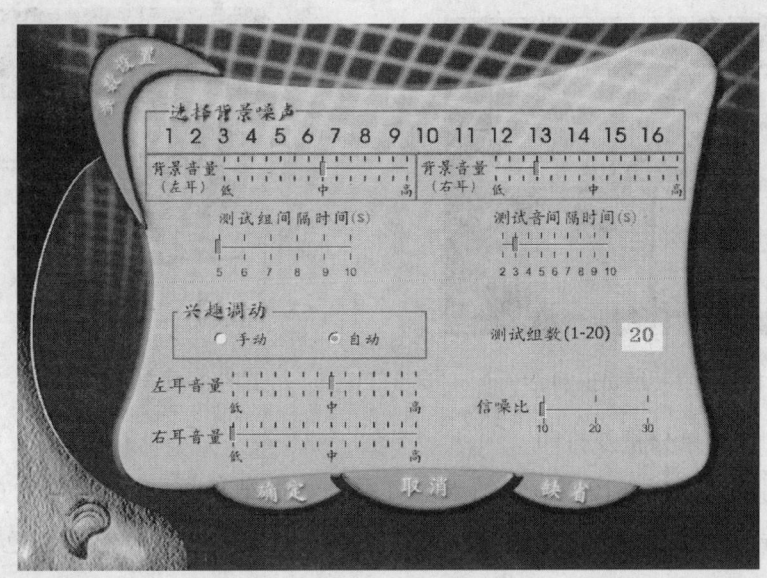

图 3—10 测试参数设置

参考值设置内容包括以下几方面：

1) 背景环境噪声的选择。在声音库中有 16 种背景环境声，可依据被试者居住、生活、学习等环境作出选择，背景大小音量可调试。

2) 测试音间隔时间设定。可依据被试者听觉反应速度确定，可在 2～10 s 任意选择。

3) 测试组间隔时间设定。可依据测试的实际需要在 5～10 s 选择。

4) 测试组数选择。可依据被试者的年龄及测试可能的持续时间选择测试组数。

5) 信噪比设定。依据被试者的听力补偿情况及测试需要在 10 dB、20 dB、30 dB 中选择。

6) 兴趣调动选择。可依据被试者配合程度选择"手动"或"自动"，如对不易配合者可选择手动，根据实际需要及时启动兴趣调动，以维持被试者对测试的兴趣。按"缺省"键，则恢复原设置状态。按"取消"键可进行修改或重新设置。参数设置完毕后可按"确认"键存储，进入测试界面（见图 3—11）。

(5) 开始测试

例如选择封闭项测试，计算机可自动在已设置好的信噪比和测试组、测试音的时间间隔参数下运行，如测试过程中需要调整被试者的注意力，可按兴趣调动键让被试者放松一下（见图 3—12）。如测试过程中需要暂停，可按"停止"键，按"开始"键则继续。

图 3—11　短句识别　　　　　　　　图 3—12　兴趣调动

(6) 测试结果分析及打印

单项测试完成后，按"显示结果"可进入测试结果打印存储界面（见图 3—13），以在背景噪声环境中短句识别为例，测试完成后在词表前有红色标记，按"存盘"键可将测试结果存入系统，按"打印"键可将有标记的测试结果打印出来。双击带有标记的"短句"可显示错误走向及助听效果分析界面（见图 3—14）。

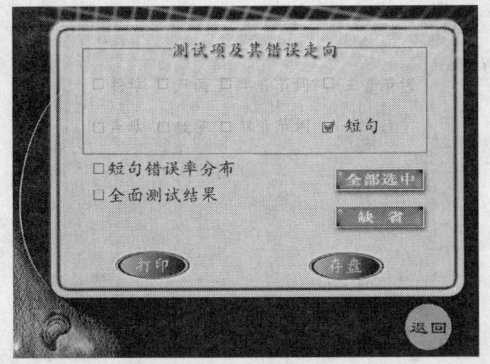
图3—13 测试结果打印存储

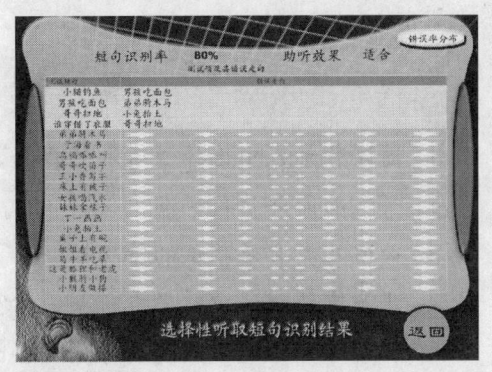
图3—14 测试结果分析

该界面显示短句正确识别率为80%。测试语句在前，识别错误走向语句在后。助听效果为适合范围。按"错误率分布"键，可对测试词表中的识别错误语句进行分析（见图3—15）。如果要了解该被试者所有的测试项目，可进入全面测试结果界面（见图3—16），可显示助听效果、言语识别率、听觉康复级别以及每一个时间段测试的内容及结果。全部内容完成后可按"返回"键退出系统。

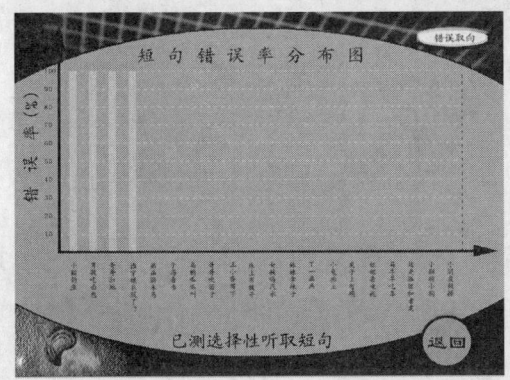
图3—15 错误率分析

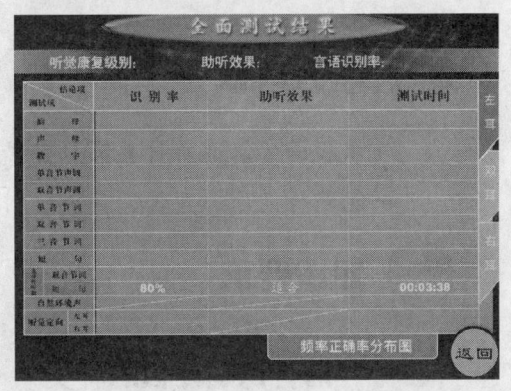
图3—16 全面测试结果列表

三、注意事项

1. 按测试要求建立背景噪声环境，建立声场及设定信噪比。
2. 选择与年龄相宜的评估词表。每套测听资料都是较独立的测试单位，应用时可以根据聋儿的教学进度及言语能力以及评估目的，选择测试单元，每次测试在 10 min 以内完成。

思 考 题

1. 简述背景声中选择性听取的概念。
2. 听觉功能评估目的及意义。
3. 简述儿童言语测试的特殊性。
4. 儿童言语测试中需考虑哪些因素?
5. 背景噪声环境下测试需考虑哪些问题?
6. 举例说明如何在背景噪声中进行言语识别。

第2节 语音识别

 学习目标

➢ 掌握语音识别的种类及对言语清晰度的影响
➢ 能进行韵母、声母、音节识别测试

 知识要求

一、语音识别评估的种类

1. 林氏六音

林氏六音是指 m、u、a、i、s、sh 六个音位,是语音识别中最常用、最简便的材料。这六个音位覆盖了语音的主要频段,分别代表了低、中、高频(见表3—1)。听力障碍者若能在没有视觉线索的情况下流利地复述或通过听话识图(见图3—17)的方式找出其中的任何一个音(三次中两次正确),则说明听力补偿或重建设备能帮助该听障者识别该频段的语音。例如,听障者能复述"a""i",且3次中两次正确,则表示该听障者能识别中频的语音;如果听障者能通过听话识图的方式,当主试发出"m"时,听障者能从图3—17中找出"m",且三次中两次以上正确,则说明听力补偿或重建设备能有效地帮助听障者识别低频的语音。

图 3—17　林氏六音图

林氏六音除用于语音识别外，还可用于考察听力障碍者各频段的察知能力。与语音识别不同的是，在考察听觉察知能力时，听障者只要能听到声音作出反应即可，而不需要复述准确，不需要找到对应的图片。

表 3—1　　　　　　　　　　　林氏六音的频率

林氏六音	主频段	频区
/m/	低频	250 Hz
/u/	低频	300～900 Hz
/a/	中频	700～1 500 Hz
/i/	低中频	300～2 500 Hz
/sh/	高频	2 000～4 000 Hz
/s/	高频	3 500～7 000 Hz

2. 语音均衡式声母识别及韵母识别

语音均衡是指词表中语音出现的概率与日常生活中出现的概率相一致。语音均衡评估使用孙喜斌教授研发的"聋儿听觉言语评估词表"中的韵母识别和声母识别进行。该词表以幼儿"学说话"及儿童日常使用最多的词汇为文字资料，以听说复述（开放式测试）或听话识图（封闭项测试）两种方法之一进行测试。测试词表配有测试用 CD 光盘及两盘供听觉学习用的 VCD，既适合于幼儿的言语测听，又适用于聋儿佩戴助听器后的助听效果评估。

语音均衡式声母识别选用了汉语中的 21 个声母，韵母识别选用了《汉语拼音方案》中的 31 个韵母。在严格考虑语音平衡的基础上，按照语音测试词表编制规则组成了韵母声母识别和韵母识别词表各 75 个词，编为 3 个词表，每张词表 25 个词。当一个词表作为测试词时，另两个则作为陪衬词（见表 3—2、表 3—3）。例如，韵母识别"鼻—白—拔"中，如果让听障者找出"拔"，则"拔"为目标词，"鼻"和"白"则为陪衬词。测试使用图片如图 3—18 所示，每个词对应着一张图片。图片上印有简单易懂的图画、拼音和文字。

表 3—2　　　　　　　　　　　语音均衡式韵母测试词表

编号	测试内容			编号	测试内容		
	词表1	词表2	词表3		词表1	词表2	词表38
1	鼻/bí/	白/bái/	拔/bá/	13	鞋/xié/	洗/xǐ/	熊/xióng/
2	风/fēng/	方/fāng/	飞/fēi/	14	山/shān/	水/shuǐ/	鼠/shǔ/
3	摸/mō/	妈/mā/	猫/māo/	15	裙/qún/	墙/qiáng/	球/qiú/
4	肚/dù/	弟/dì/	豆/dòu/	16	虾/xiā/	靴/xuē/	星/xīng/
5	听/tīng/	脱/tuō/	踢/tī/	17	鹿/lù/	链/liàn/	辣/là/
6	奶/nǎi/	女/nǚ/	鸟/niǎo/	18	走/zǒu/	早/zǎo/	嘴/zuǐ/
7	锣/luó/	楼/lóu/	林/lín/	19	牙/yá/	鱼/yú/	圆/yuán/
8	蓝/lán/	铃/líng/	梨/lí/	20	壶/hú/	河/hé/	红/hóng/
9	瓜/guā/	高/gāo/	锅/guō/	21	灯/dēng/	刀/dāo/	蹲/dūn/
10	鸭/yā/	衣/yī/	烟/yān/	22	本/běn/	笔/bǐ/	表/biǎo/
11	黑/hēi/	花/huā/	喝/hē/	23	象/xiàng/	线/xiàn/	笑/xiào/
12	车/chē/	吃/chī/	窗/chuāng/	24	鸡/jī/	家/jiā/	镜/jìng/
				25	菜/cài/	刺/cì/	错/cuò/

表 3—3　　　　　　　　　　　语音均衡式声母测试词表

编号	测试内容			编号	测试内容		
	词表1	词表2	词表3		词表1	词表2	词表3
1	白/bái/	柴/chái/	埋/mái/	13	线/xiàn/	面/miàn/	链/liàn/
2	塔/tǎ/	打/dǎ/	马/mǎ/	14	龙/lóng/	红/hóng/	虫/chóng/
3	猫/māo/	刀/dāo/	包/bāo/	15	握/wò/	坐/zuò/	落/luò/
4	喝/hē/	哥/gē/	车/chē/	16	六/liù/	球/qiú/	牛/niú/
5	脱/tuō/	锅/guō/	桌/zhuō/	17	鸡/jī/	七/qī/	西/xī/
6	切/qiē/	贴/tiē/	街/jiē/	18	书/shū/	猪/zhū/	哭/kū/
7	瓜/guā/	刷/shuā/	花/huā/	19	盆/pén/	门/mén/	闻/wén/
8	鸟/niǎo/	脚/jiǎo/	表/biǎo/	20	铃/líng/	星/xīng/	镜/jìng/
9	灯/dēng/	风/fēng/	扔/rēng/	21	水/shuǐ/	嘴/zuǐ/	腿/tuǐ/
10	攀/pān/	搬/bān/	山/shān/	22	狗/gǒu/	手/shǒu/	走/zǒu/
11	臭/chòu/	楼/lóu/	猴/hóu/	23	妹/mèi/	黑/hēi/	飞/fēi/
12	刺/cì/	四/sì/	日/rì/	24	鱼/yú/	驴/lǘ/	女/nǚ/
				25	家/jiā/	虾/xiā/	鸭/yā/

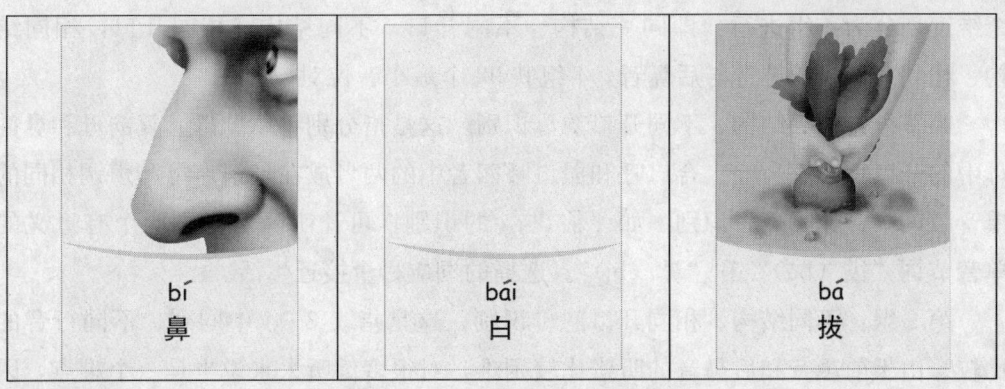

图 3—18 韵母识别第一组图片

3. 最小音位对比识别

最小音位对比识别是根据汉语语音中仅有一个维度差异的原则编制的音位对比听觉识别材料。由于韵母和声母数目很多，又可根据构音特征和声学特征进行分组评估（见图 3—19）。在韵母方面，汉语系统中一般从韵母第一个音的开口特点（开口呼、齐齿呼、合口呼、撮口呼）和韵母内部的结构特点（单韵母、复韵母、鼻韵母）两个维度进行分类，见表 3—4。因此，韵母识别的分组安排可以结合这两

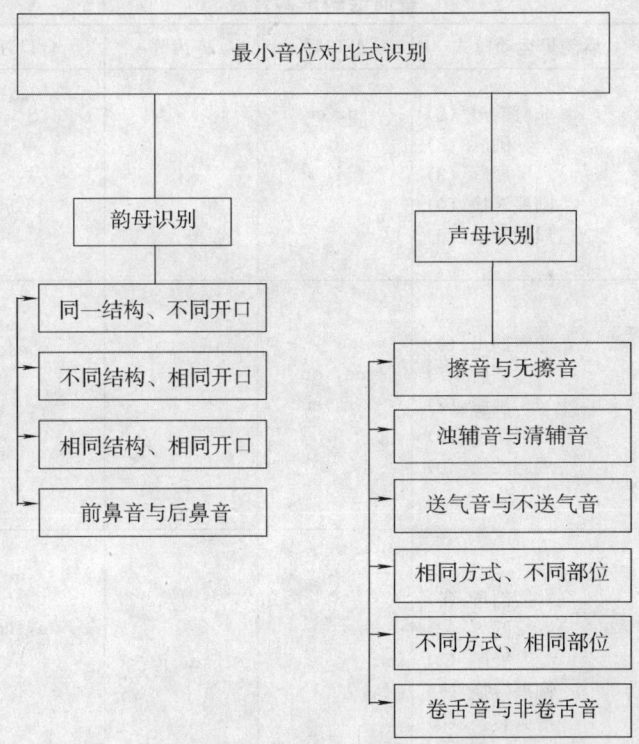

图 3—19 最小音位对比识别框架

个维度划分为 4 组进行：即同一结构、不同开口，不同结构、相同开口，相同结构、相同开口，前鼻音与后鼻音，4 组共 92 个最小音位对。

第 1 组：同一结构、不同开口韵母识别。这是指分别将单韵母、复韵母和鼻韵母中的开口呼、齐齿呼、合口呼和撮口呼四者中的两者放在一组声母和声调相同的单音节词中，让听障者识别。如评估 a 与 i 的识别，可让听障者识别两个有意义的单音节词"拔（bá）"和"鼻（bí）"。选择的词应尽量接近生活。

第 2 组：不同结构、相同开口韵母识别。这是指表 3—4 中同列、不同行音的比较。由于前鼻音和后鼻音的听辨比较困难，对很多健听人来说也是一个难点，因此在本组识别中将前鼻音和后鼻音比较排除在外，单独作为一组进行评估。

第 3 组：相同结构、相同开口韵母识别。这是指将表 3—4 中同一个小方格内的音位进行相互比较，如识别 ia/ie、ua/uo 等。

第 4 组：前鼻音与后鼻音韵母识别。前鼻音与后鼻音是汉语言的特点之一，也是听觉识别的难点之一，应作为韵母识别评估中最后的选择材料。由于这一内容对于很多健听成人都很难，所以在根据评估结果制定方案时，如果经过一周训练听障者仍无法完成，则可先跳过这一内容。

表 3—4 　　　　　　　　　　普通话韵母构音表

		唇韵母运动模式	开口呼	齐齿呼	合口呼	撮口呼
单韵母 (8 个)		非唇韵母 (2) 圆唇 (3) 展唇 (3) 圆展转换 (0) 展圆转换 (0)	a, er o —i, e	i	u	ü
复韵母 (13 个)	前响	非唇韵母 (0) 圆唇 (2) 展唇 (2) 圆展转换 (0) 展圆转换 (0)	ao, ou ai, ei			
	后响	非唇韵母 (0) 圆唇 (2) 展唇 (2) 圆展转换 (1) 展圆转换 (0)		ia, ie	ua, uo	üe

续表

		唇韵母运动模式	开口呼	齐齿呼	合口呼	撮口呼
复韵母（13个）	中响	非唇韵母（0） 圆唇（0） 展唇（0） 圆展转换（2） 展圆转换（2）		iao, iou (iu)	uai, uei (ui)	
鼻韵母（16个）	前鼻音	非唇韵母（1） 圆唇（3） 展唇（3） 圆展转换（1） 展圆转换（0）	an en	in, ian	uan uen	ün, üan
	后鼻音	非唇韵母（1） 圆唇（2） 展唇（3） 圆展转换（1） 展圆转换（1）	ang ong eng	ing, iang iong	uang ueng	

在韵母识别之后，可进行声母的识别。汉语语音可按照发音部位和发音方式两个维度将声母分类，见表3—5。最小音位对比声母识别共87对，可分为6组：擦音与无擦音，浊辅音与清辅音，送气与不送气音，相同方式、不同部位声母，不同方式、相同部位声母，卷舌音与非卷舌音。

第1组：擦音与无擦音识别。该组内容是声母有擦音与没有擦音之间的比较。在汉语中，主要有h和s两个音。

第2组：浊辅音与清辅音识别。该组内容是同一发音部位的浊音和非浊音的比较。这是由于发浊音时声带振动，带有元音的特征，因而比较容易识别。汉语拼音方案中共有4个浊音：m、n、l、r。将它们分别与同一发音部位的清音相比较。

第3组：送气音与不送气音识别。这组内容主要包括塞音和塞擦音内部送气与不送气的比较。

第4组：相同方式、不同部位声母识别。该组识别的内容是表3—5中同行（鼻音、塞音、塞擦音和擦音）不同列（唇音、舌尖音、舌面音和舌根音）的两个音位进行比较，如可识别b/d、d/g，但不识别z/zh、c/ch、s/sh。这三对语音的识别又称为平舌音和翘舌音的识别，对比的两组之间发音部位非常接近，即使对健听人群也有较大的难度，因此把它单独作为一组，作为最难的内容，放在最后进行训练。

第5组：不同方式、相同部位声母识别。该组识别的内容是唇音、舌尖音、舌面音和舌根音中，鼻音、塞音、塞擦音、擦音和边音的比较，如识别 d/s、z/s、zh/sh 等。

第6组：卷舌音与非卷舌音的识别。卷舌音与非卷舌音是汉语中的特有现象，也是汉语中较难识别的内容，如 z/zh 的识别。

表3—5　　　　　　　　　　普通话声母构音表

发音方式		发音部位						
		唇音		舌尖音			舌面音	舌根音
		双唇音	唇齿音	舌尖前音	舌尖中音	舌尖后音		
鼻音	清音							
	浊音	m			n			(ng)
塞音	清音 不送气	b			d			g
	清音 送气	p			t			k
	浊音							
塞擦音	清音 不送气			z		zh	j	
	清音 送气			c		ch	q	
	浊音							
擦音	清音		f	s		sh	x	h
	浊音					r		
边音	清音							
	浊音				l			

4. 单音节词识别

单音节词识别用于综合考查听力障碍者识别日常生活中常见词的韵母、声母及声调的能力。该词表包括同等难易程度两个分词表，每个词表35个词（字），包括了《汉语拼音方案》中全部声母及35个韵母中的30个。共分为7组，每组5个词（见附录5、附录6）。

二、语音识别的意义及对言语清晰度的影响

1. 语音识别的意义

语音识别是对语音声学信号进行分析和综合的能力，是口语沟通交流的基础和

前提。语音识别的意义主要有以下几方面：

第一，比较助听前后语音识别的差异，考察听障者从助听器中受益程度。助听器对听障者帮助的大小直接体现为语音识别能力的高低，对语后聋，听障儿童验配助听器后的阶段评估及老年性聋进行语音识别评估特别重要。

第二，语音识别是反映听障者对助听器效果的满意程度的重要组成部分，而且能通过针对性定量分析出是哪些频响范围的语音听辨不清，为助听器调试提供信息。语音识别率越高，则说明助听器调试越好；语音识别率低，则说明助听器需要调试或需要更换。

第三，判断听障者利用残留听力的水平，为制定康复方案提供依据。听觉适应和听觉识别需要经过一个学习过程，通过评估可以发现听障者的语音识别错误类型及错误走向，并根据错误类型和错误走向制定针对性的训练方案。此外，经过一段时间的康复训练后可再次评估，通过训练前后的比较考察训练方案及方案的有效性。

2. 语音识别对言语清晰度的影响

语音识别是言语感知的重要组成部分，言语清晰度是言语产生的主要体现。言语的感知与产生是一条完整的反馈链，听不明白，则说不清楚。语音识别差，一方面听不清其他人的言语，影响到语音的模仿学习；另一方面听不清自己发出言语，无法修正自己的发音过程，这两方面都将间接或直接影响言语清晰度。言语清晰度不但受听觉能力的影响还与发音、构音、呼吸、共鸣等器官的功能有密切关系，语音识别结果可以判断言语清晰度异常是由于听觉的问题还是非听觉问题。如果是由于听觉问题导致的语音异常，通过测试还可进一步明确是哪些音听不清，哪些音听不到，一方面通过对助听器的进一步编程调试，使其助听效果达到优化；另一方面通过有针对性地进行强化听觉训练，能够使言语清晰度得到提高。

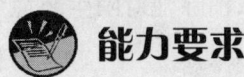

能力要求

语音识别测试操作

一、工作程序

"林氏六音""语音均衡式声母、韵母识别""音位对比识别""单音节词识别"总的操作流程基本一致，主要经过六个过程（见图3—20）：评估准备、熟悉被试、明确指导、正式评估及记录、结果分析和方案制定。

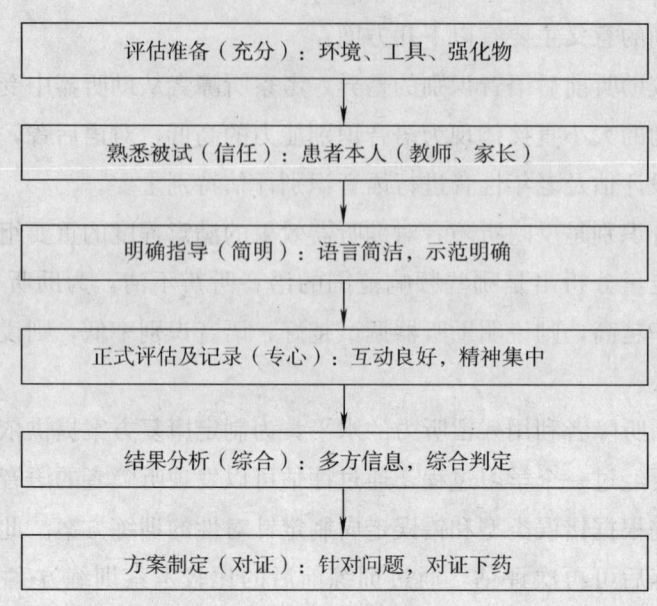

图 3—20 语音识别能力评估流程

第一步：评估准备，该过程应做到"充分"。主要应充分准备好测试的环境、测试的工具和强化物。测试环境应根据测试要求、听障者的年龄特征及性格特点进行准备，包括测试房间的环境布置、桌椅摆放等。对于年龄小的儿童，应准备适合儿童的桌椅和简洁明快的房间，不应有太多不相关的玩具及物品放在儿童容易看到的地方，以免儿童分心。此外，对于儿童听障者，还应准备一些用于兴趣调动的强化物。

第二步：通过听障者本人、教师、家长了解被试的信息，熟悉被试的基本情况，包括姓名、年龄、助听器配戴的时间、对配戴助听器的满意程度，在配戴助听器后哪些方面有变化，哪些音听不清等；对于儿童，应了解其最喜欢什么，最不喜欢什么，等等，以便采用适合的强化物。通过这一过程了解被试，让被试对主试产生充分的信任。对于不容易适应新环境的儿童，应首先与他玩，消除他对陌生环境的紧张感。

第三步：通过简洁的语言和明确的示范告诉听障者应该做什么，对儿童来说这一点尤其重要。简明的语言如"听一听，找一找"（语言伴随手势先指指耳朵，再指图片）。明确的示范需在助手的帮助下完成。

第四步：在听障者理解了指导语后开始正式评估，正式评估时，应使得听障者与评估者（或评估设备）形成良好互动，精神集中在评估内容上。一般连续测试时间不宜超过半小时。当听障者感觉疲劳时，应休息片刻后继续。测试过程中应密切关注听障者的反应，包括听障者对哪些语音识别比较犹豫，听障者注意力集中的时间，等等，这对结果分析和方案制定都将产生影响。

第五步：综合评估结果，根据家长、教师和听障者本人提供的信息，对听障者语音识别的能力作出综合判断。主要包括助听器对听障者的帮助是否达到理想效果；语音识别能力是否需要进行干预；与前一次评估结果相比，是否有明显进步等。

第六步：针对评估结果中听障者出现的错误，制定针对性的训练方案。

以上六步是语音识别评估的基本流程，但每个测试需要准备各自的材料，指导语、记录、结果分析和方案制定根据各自评估目的和方法有所不同。在测试方法方面，主要有"开放式"和"闭合式"两种。当使用开放式的"听说复述法"测试时，不需要准备测试图片，指导语为"跟我（老师）说"，听障者听到声音后复述即可；当使用封闭式的"听话识图法"测试时，则需要准备测试图片，指导语为"听一听，找一找"，听障者听到目标音后能够找出相应的图片。下面简单介绍使用"听话识图法"时每种语音评估应准备的材料、结果记录、结果分析及方案制定。

1. 测试林氏六音

测试工具：林氏六音图片，如图 3—17 所示；HS5660A 精密声级计。

记录表：见表 3—6。

表 3—6　　　　　　　　　　　林氏六音测试记录表

序号	测试项目	测试目标	测试内容	测试结果
1	低频	250 Hz	/m/	
2	低频	300～900 Hz	/u/	
3	中频	700～1 500 Hz	/a/	
4	低中频	300～2 500 Hz	/i/	
5	高频	2 000～4 000 Hz	/sh/	
6	高频	3 500～7 000 Hz	/s/	

测试过程：将六张图片依次放在听障者面前，发图片时伴随发音（用 HS5660A 声级计监控，发音为 70 dB SPL）。当图片摆好后，随机发出其中一张图片的音，由听障者选择相应的卡片。

结果记录：每个目标词测 3 次，正确计"1"，错误计"0"。

结果分析：每个目标词 3 次测试中有两次及以上正确，即为通过。若两次以上不通过，则应结合测听结果、助听器效果分析，判断助听器该频段是否需要调试。若助听器已处于优化状态，则需要加强该频段语音的训练。

方案制定：结果分析为助听器需优化，则方案制定前首先调试助听器，使助听器达到优化状态。若助听器已达到优化状态，则应加强训练，针对未通过的频段进行滤波音乐刺激，活化相应的听神经通路，并针对性地进行发音练习。

2. 测试语音均衡式声母、韵母识别率

测试工具：语音均衡式声母及韵母识别测试有两种类型的材料。一种为纸质版，包括韵母识别及声母识别各 25 组 75 张测试图片；另一种为计算机版，可使用"听觉言语康复计算机导航系统"。

测试过程：该词表的测试方式为将一组 3 张测试图片放在听障者面前，发图片时伴随发音。当图片摆好后，发出测试音，由听障者选择相应的卡片。测试词出现的方式有两种，一种是按词表给词，一种是随机给词。按词表给词是指第一组给词表 1 的词，其余 24 组也给词表 1 的词。

结果记录：每个目标词测一次，正确计"1"，错误计"0"。若随机给词，即每一组都随机给一个，此时计分方式则需计入归一化系数。具体记录及计算方法如下：

(1) 测试结果 x：选择正确计"1"，错误计"0"。

(2) 测试得分 $k \cdot x$：为原始得分乘以测试词的归一化系数 k。

(3) 最后得分计算公式：

$$韵母（声母）识别能力得分 = \frac{测试词应得满分}{实际得分}$$

$$= \frac{k_1 \cdot x_1 + k_2 \cdot x_2 + \cdots + k_{25} \cdot x_{25}}{k_1 + k_2 + \cdots + k_{25}} \times 100\%$$

注意：1. $k_1, k_2, \cdots, k_{25}$ 为测试词对应的归一化系数；

2. $x_1, x_2, \cdots, x_{25}$ 为测试词对应得分，正确计"1"，错误计"0"。

结果分析：语音均衡式声母、韵母识别的结果应与表 3—7 中的听觉评估标准进行比较。如果听障者的声母识别率达到 90% 以上，则说明听障者的助听效果达到最适水平，助听器无须进行调整；如果听障者的声母识别率为 80%～89%，则说明听障者的助听效果达到适合水平；依次类推。

表 3—7　　　　　　　　　　听觉评估标准

音频感受	言语最大识别率补偿范围（H1）	助听效果（%）	听觉康复级别
250～4 000	≥90	最适	一级
250～3 000	≥80	适合	二级
250～2 000	≥70	较适	三级
250～1 000	≥44	看话	四级

方案制定：若结果分析为"最适"效果，则不需要调整助听器，可进一步进行

听觉理解能力的训练。若结果分析为"适合、较适或看话"则首先考虑调整助听器，然后针对错误走向加强听觉识别训练。

3. 测试最小音位对比识别率

测试工具：最小音位对比测试有两种类型的材料。一种为纸质版，包括 92 对韵母识别及 87 对声母识别测试图片（见图 3—21）；另一种为计算机版，可使用"听觉言语康复计算机导航系统"记录表：见附录。

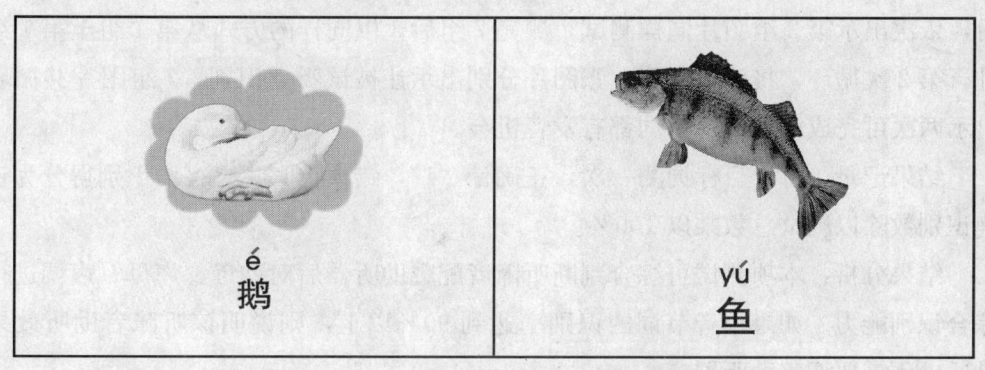

图 3—21　最小音位对比识别图片举例（e/ü）

测试过程：该词表的测试方式为将测试图片立于听障者面前，先后读出两张图片所代表的音。然后发出测试音，由听障者选择相应的卡片。测试词为其中一个，随机测 3 次。

结果记录：测试正确计"1"，错误计"0"。

结果分析：测试完成后，将结果汇总到《儿童音位对比式识别能力评估》记录表（见附录 3、附录 4）中，分别计算每一大组的总分。计算方法如下：

音位对比识别得分（%）＝$\dfrac{3x-n}{3x}\times 100\%$（$x$ 为测试题数；n 为错误次数，即 0 的个数）

计算结果可与彩图 7 中儿童音位对比识别能力百分等级参考标准相比较，从而得出该听障者是否需要进行听觉干预。百分等级指的是同龄人中低于或等于该成绩的人数占总人数的百分数。其中，红色部分代表应立即对该被试进行听觉功能训练；黄色部分表示应对该被试进行跟踪随访，并采取尝试性的干预措施；绿色部分表示该被试听觉功能发展正常，无须进行干预。

方案制定：①通过。若某个音位对连续 3 次得分都为"111"，可认为该音位对通过。②巩固。若有 3 次以上得分含有"110（011 等只有 1 次为 0）"应进行巩固。③强化。若 3 次或 3 次以上得分为"001（100、010 等含两个 0 或 000）"。

4. 测试单音节识别率

测试工具：单音节词测试图片。

记录表：见附录5，附录6。

测试方法：可根据聋儿实际言语能力选用"听说复述法"或"听话识图法"进行测试。在听话识图法中每个词表有7组图片，每组有5个词，评估时，以每组为单位出示图片，先可随机读1张图片让被试识别选择，再随机读第2张让其选择后，依次出示第2组图片同样测试，测完7组后，以同样的方式从第1组至第7组进行第2次循环，将该组未测3张图片分别出示让被试听觉识别。7组图片共循环出示两次可完成评估，每个词都有发音机会。

结果记录：每个目标词测一次，正确计"1"，错误计"0"。言语识别得分为正确识别数除以测试总数乘以100%。

结果分析：本项测试可综合判断听障者配戴助听器后对韵母、声母、声调进行综合识别能力。如果单音节词的识别率达到90%以上，则说明该听障者助听效果最适，不需要调整助听器。

方案制定：若结果分析为"最适"效果，则不需要调整助听器，可进一步进行听觉理解能力的训练。若结果分析为"适合、较适或看话"则首先考虑调整助听器，然后针对错误走向加强听觉识别训练。

二、注意事项

1. 选择与年龄相宜的词表

在对听障者进行评估时，首先应根据评估目的和听障者水平选择合适的词表。一般听话识图的使用方法都适用于3岁以上儿童。此外，由于语音识别内容较多，若听障者注意力不集中，则易影响评估结果。在评估时应及时鼓励听障者，尽可能维持听障者的积极情绪。若听障者实在无法连续完成，中间可适当休息。

2. 校准测试音强度

语音识别声音强度一般使用70 dB SPL，与日常生活中使用的平均言语声基本一致。语速也应与日常生活保持一致。

3. 测试时回避视觉影响

在进行语音识别能力评估时，验配师和家长应坐在听障者助听或重建效果较好的一侧，位于听障者侧后方45°，35～50 cm的距离。评估时，既要防止听障者通过气流判断声音，也要避免听障者利用视觉提示。对处于"看话"水平的听障者而言，在评估时可让听障者看口型，但应特别说明。

思 考 题

1. 林氏六音是什么？分别代表哪些频段？
2. 什么是语音均衡？语音均衡词表评估结果如何判断？
3. 什么是最小音位对比？最小音位对比评估声韵母词表共包括哪几组？
4. 举例说明语音识别能力评估如何操作？
5. 单音节词识别评估的内容和方法？

第 4 章
培训指导

第 1 节 培训计划编制

 学习目标

➢ 能编制助听器验配师培训计划
➢ 能对四级、三级助听器验配师进行培训

 知识要求

一、助听器验配师培训计划的制订

1. 调查现状和明确培训需求

正确而全面地了解当前国内助听器验配师行业的现状，是开展助听器验配师培训的基础，只有对现状有所了解，才能真正明确培训需求，并确保培训计划是切实可行的。培训就是最大程度地挖掘人的潜力，使人在工作中充分发挥其优势。由于验配师担任的职责不同，工作性质也有所不同，因此要求培训方向具有多样化的特征。对于基本知识、技能和素质，应尽早在学员上岗前就进行培训，而进一步的技能培训可能要求受训者具备一定的工作经验，这样他们才能最大程度地理解和吸收培训的内容。因此调查现状和明确培训需求必不可少。

2. 制定培训目标

帮助验配师提高其知识水平和能力水平是进行专项助听器验配师培训的根本目的。为了使培训达到良好的效果，必须在培训前制定培训目标。制定的培训目标必须能反映培训需求，目的性要强，同时具有可操作性。为了实现培训效果最大化的目标，应根据验配师不同的知识水平和能力水平制定不同的培训标准，对培训中所需涵盖的知识培训和能力培训要点进行细化和明确，才能够做到按部就班地完成培训内容。

3. 确定课程内容、学员对象

确定课程内容、学员对象可以分以下三个方面完成：

（1）确定学员选定标准。包括文化水平、工作经验以及年龄大小。

（2）了解学员的行业来源。这一点不仅有利于确定学员分组，同时也有助于进一步确认培训方案。

（3）结合培训方法，确定最适当的学员人数和人员分配。

4. 选择培训方法

方法是培训的灵魂，只有找到了最适合的方式，才能保证验配师培训的可行性和高效性。通过大量的事实验证，并不存在放之四海而皆准的培训方法，换句话说，因地制宜地找到合适的培训方法是每一位教师的一项重要能力。以下为教师提供一些可以作为选择培训方式的标准：

（1）受训学员的人数、验配水平和文化程度。

（2）确定培训目标的重点和方向，可以帮助学员更快地明确培训方法。

（3）培训器材和环境。

（4）结合培训教师本身的特色，尽可能采取互动性以及寓教于乐的多样化培训方式。

5. 编写培训计划表

在确定了培训目标之后，便需要通过编写培训计划表将每个培训点都落实下来，并结合确定的培训方法和培训学员，制定一张行之有效的培训计划表。同时，需要谨记于心的是，培训计划表并不是简单的知识点和时间表的集合，而是整个培训过程的浓缩，必须能够体现整个培训过程和教学理念。

二、助听器验配师培训教学法概要

1. 助听器验配师教学中的沟通技巧

教学中强调教师与学员的双向沟通，以便取得良好的教学效果。师生沟通的技巧主要体现在情感沟通、信息沟通和意见沟通三个层面上。

(1) 情感沟通

师生良好的情绪状态对课堂教学具有促进作用,而不良情绪则对课堂教学有极大的破坏作用。营造和谐、平等与互动的育人环境有利于产生积极的正向情感,符合师生双方沟通的意向。

1) 积极的意愿与教师个人的态度调适。师生沟通必须建立在双方都有积极的意愿基础上。而处于教学主导地位的教师个人态度调适,对双方沟通起着主要作用,其沟通技巧具体表现在三个方面:保持好的心情;给予爱与关怀;保持弹性,创造幽默。师生相处需要一些润滑剂,课堂中如能加入一些幽默的言语,则可活跃课堂气氛,增进师生感情,增加授课效果。

2) 对话与理解。应确立以教师为主导、以学生为主体的平等、合作式的新型师生关系,教师与学生之间应是平等的、对话式的、充满爱心的双向交流关系。通过这个对话的过程,教师和学生要达到一种主体间的双向理解。

3) 与学生建立和谐的关系。良好的互动关系基础不应只是建立在正式的课堂教学中,虽说验配师技能学习是教学的重要目的,但绝不是唯一目的。在课堂上是师生,在课堂下是朋友,这样才能形成良好的互动关系。

(2) 信息沟通

信息沟通是师生双方信息的交流和贯通。沟通的内容主要是课堂教学中关于教学、学习及其他与验配师教学活动有关的信息。因此,在师生双方对教学内容、专业知识、协作精神、行为观念及其他方面存在认知上的差异、误区时,需要进行信息沟通。

1) 传送与接收信息的技巧。有效的沟通应该是聆听后能解读传送者所想要传达的信息。正确、清楚地传送信息的方法应该是:尽量使用易懂和亲善的语言及动作;少用主观判断,适当情况下可做些让步,在许可范围内,给学生更多自我选择的空间;试着接受学生的观点,做个细心的听众,以诚挚的态度,仔细聆听学生所提的问题,适时地给予关怀;对学生及教师本身的感觉反应敏锐;使用有效的专注技巧,如目光接触、表情、手势等非语言行为;重视自己的感觉,注意传送者的非语言提示。

2) 对学员评价要前后一致。

3) 爱与平等。爱与平等就是要用爱心去对待每一个学员,尊重每一个学员的差异、创造性和学习能力。教师要在学生中树立威信,这种威信是源于教师的人格、学识和智慧,从而受到学生的尊重。

(3) 意见沟通

课堂上师生交往频繁，在课程建设中学生应有更多的参与权。但是，由于年龄、性别、个性心理和认知及知识上的差异，在合作中难免会存在意见分歧甚至发生冲突，当师生双方出现矛盾、进入误区时，需要进行意见沟通。

1) 正视冲突。冲突虽然会给相互关系带来影响，但也提供了调整彼此关系的机会。教学实践中要求教师应善于观察学生的心境和状态，观察自己在与学生合作中彼此的语言（措辞）、非语言信息（包括肢体动作、音调）、情绪状态，实现顺畅的沟通。

2) 尊重对方。师生在面对冲突时，要提醒自己以相互尊重的态度维护彼此的面子，面对冲突，需要的是尊重彼此差异的理解和寻找两者兼顾的方法。

2. 助听器验配师培训教学的准备

如何才能讲好课，是摆在每个教师面前的一个严肃的课题。因为，要想在有限的教学时间内传授给学生丰富的知识，就要求教师不但要具有丰富的理论知识和实践经验，而且要有科学的教学方法，且讲得生动活泼，富有趣味，才能使学生充分消化吸收所讲授的内容，获得较好的教学效果。充分地课前准备是讲好课的首要条件。

课前准备要做大量的工作，一般应以 1∶(6～8) 的课时比例进行准备，备课应做好以下几个方面的工作：

(1) 吃透教材

教材是按照教学大纲的要求参考大量专业书籍编写的。虽然对内容已有一定条理知识和层次的安排，但是，要想在课堂上把这些内容充分地讲授出来，课前必须对教材进行认真的推敲，在内容上进行适当的调整、浓缩，将收集的最新资料进行补充，使其更加充实；力求做到内容精练、新颖、条理清楚、层次分明、重点突出、逻辑性强。总之，只有吃透教材才能备好课，并取得教学的良好效果。

(2) 认真写好教案

写教案绝不是对教材内容的简单抄录，而是对准备讲授的内容做透彻的分析，明确本次课程应达到什么目的、使学生掌握到什么程度、重点内容是什么、应如何讲解、完成重点内容的讲解需用多长时间、难点内容是什么、用什么方法来讲解才能使学生听明白。通过分析，写出教案。要达到讲课目的，使学生深刻理解和掌握讲课内容，应用恰当的、准确的表达方式和教学手段，使学生能够完全理解。为了使学生课后能更好地巩固所学知识，在教案中还可写出具有启发性和引导性的思考题，使学生通过做思考题，将各部分的内容紧密地联系在一起，并能触类旁通，举一反三，深入全面地掌握所讲内容。在教案中还应写出课堂情况、具体要求和学生听课要求，以便正确分析课堂情况，更好地组织好课堂教学，积累更多的教学经验。

（3）讲课时间的分配和语言的准备

上课的时间是有限的，在有限的时间内如何加大对学生信息量的传递、少说废话，达到语言精练，就应充分准备，对每个问题、每段内容用什么样的词语、语调来表达，都应反复推敲、斟酌，力求达到准确而富有趣味感，使学生容易集中精力、认真听讲。在备课过程中，对整堂课的时间应合理分配，如课堂提问、非重点内容、重点内容、难点内容、内容归纳、布置思考题等各占多长时间，课前都应做到心中有数，只有这样，才能做到整堂课的内容不至于出现前压后、后赶前的忙乱现象。尚缺教学经验的青年教师应尤为注意这点。

另外，在讲授过程中要想紧紧吸引学生听课，平铺直叙地满堂灌的效果是不会好的，必须想办法调动学生思考问题的主动性和积极性，要进行必要的启发式教学，使他们的思路跟着教师的思路走。在讲授每部分内容时，可先把结论性的问题交代出来，然后再与学生一起分析这个结论的形成原因和过程，使问题的解决符合逻辑。所提问题都应在备课时予以认真思考，写好提纲，以便讲解提问。

课堂范例也是帮助学生更好地理解问题的一个好办法。举例恰当与否直接影响学生理解问题的正确性和准确性。举例恰当能起到画龙点睛的作用，否则就成为画蛇添足。在备课时要认真挑选范例，范例不仅要紧密结合实践还应选取典型的或具有普遍性的、易理解认识的、有说服力的，举例不能过大过长，否则将会喧宾夺主。

以上内容是上课前准备的几项主要工作，只有吃透了教材，备课充分，才能为上好课打下基础，否则，将不会有良好的教学效果。

3. 助听器验配师培训教学的方式

（1）讲述教学法

讲述教学法或称讲演法，是最传统的教学方法。几乎自有教学活动以来，身为"教"者就习惯于采用这种以讲演或告之为主的教学方法。正式的讲述方式有些以演讲的形式，大部分则采用口头讲解及书面资料（教科书）的阐述方式，并以问答及学生练习和教学媒体呈现的方式来进行讲述教学。讲述教学之所以长久以来广受教师欢迎，主要因其进行过程极为简单、方便，多数教师只要依教科书来讲解说明即可。

讲述教学法要点：

1）讲述的内容适合学生程度。在内容上最好能适合学生目前的学习经验和能力，不宜过深，也不应太过简化。在解释概念时尽量举一些能为学生理解的例子来说明。

2）教师应注意讲述时的动作、表情和语言。讲述的动作要自然，不夸张、不轻浮。表情要有亲和力，不宜太严肃或者毫无表情。用语方面，避免使用太多俚语、方言及一些尖酸刻薄的话。

3）避免照本宣科，兼用教学媒体。教师在讲述时不应照着教科书的内容从头到尾、逐字宣读，也不宜指定学生照课本轮流宣读。讲解课文应分段落，扼要解释说明。在正式的讲述和演讲时，教师常使用教科书并利用各种教学辅助器材，包括幻灯机、投影机等。如此可使教学活动生动而富有变化，亦可增加学生的注意力。

4）随时与学生保持眼神接触。教师在讲述时要随时注意学生是否仔细听讲，因此要随时注视学生，保持与学生眼神接触，如此可以维持其注意力，并了解学生反应。

5）适时地强调重点。教师在说明重要概念时，可以用暂时停顿或提高音调的方式来引起学生特别的注意，并使学生能有时间做笔记或思考。

6）同时提供讲演纲要或书面资料。除口头讲述外，最好能再提供讲述大纲或其他相关的书面资料，有助于学生的听讲、记忆和了解。

（2）探究教学法

引导学生参与教学过程，经过思考以获得知识。验配师培训主要使用实践式探讨方式，是在实践过程中学习。探究教学法有以下几个特点：学生有机会发问，学生间可以互相交换意见，需要提供辅助教学器材。

（3）练习教学法

练习教学法的意义在于对某种动作、教材内容，反复操练，以养成机械的正确反应。根据教学的目的，为养成某种习惯或技能，就必须采用练习教学法。练习教学法的步骤分为：

1）引起动机；2）教师示范；3）学生模仿；4）反复练习；5）评量结果。

练习教学法的原则为：选择适当（有意义）的练习教材；练习应该先求正确，再求迅速；练习方法要多变化；练习手续要经济（简化）；顾及个别差异；练习后要能应用；练习时间宜短、次数宜多；教师要善加指导（技能课要注意安全性，观察、纠正学生错误）

（4）讨论教学法

由学生与学生及学生与教师之间相互共同讨论而对某些问题获得解决方法或形

成观念。讨论教学法可分为以下三种：

1) 开放式讨论。针对一个主题让学生多方讨论。
2) 计划式讨论。教师事先准备好题目让学生依题目讨论。
3) 辩论。以辩论方式分为不同观点相互讨论。

4. 助听器验配师培训教学中应注意的问题

（1）注意把握课程进度，提高课堂效果，积极保持和学生互动交流。

（2）进行案例分析时要贴近现实，并以实物为指导。

（3）进行练习时要注意指导，积极与学生沟通，并让动手能力好的学生做示范。

（4）进行讨论时言语应简单、易懂，及时回答学生提问，最好能以演示的方式解决操作中存在的疑问。

能力要求

一、工作准备

1. 培训人员确定

可以在培训开始前两个月在网站或培训中心等地方公开培训信息，招收学员。在培训信息中必须注明培训内容、培训日期、培训费用以及学员要求等。培训前1个月开始根据培训要求对报名者进行选择确认。培训地点选择、培训资料教材准备以及培训方式都会根据培训学员人数不同而变化。培训前两个星期分发培训通知，提醒学员培训时间地点等具体事宜。

2. 培训场地安排

培训场地应选择在四周交通发达的地点，方便学员、教师到达。培训教室大小应根据不同培训学员人数而定，一般应稍大一些。教室内应具备黑板、课桌椅等基本设施，并且照明良好，四周通风，为学员创造良好的学习环境。同时应配备麦克风、投影仪等多媒体设备，以提高教学质量。在培训开始前须对场地和设备做最后检查确认，以确保培训能顺利进行。

3. 培训资料和教材

验配师根据本次培训内容为学员准备相关教材。培训资料和教材可以有以下几种形式：

（1）课本

一般所有的培训都应有相应培训内容的课本，在培训前发到学员手中，以便于学员预习、培训和复习使用。

（2）电子资料

可以将培训内容的资料放在网站上，以方便学员培训结束后下载学习。

（3）多媒体资料

可以将培训内容制作成光盘等多媒体资料，这类培训资料比较直观，多应用于操作指南和指导等。

4. 培训设备和器材

培训设备和器材是指在培训中所要用到的相关仪器设备。如听力诊断培训，应有纯音测听、中耳分析仪等设备；助听器验配培训，应有编程设备、效果评估设备等。这些都是在实际工作中需要运用的设备和器材。通过这样的实践操作可以让学员快速熟练掌握工作技能，达到培训效果。

5. 培训计划

培训计划应制定具体计划表，列出每个知识点的培训要点，以及相对应的时间和所需课时。完善的培训计划可以使培训过程按部就班，顺利进行，保证培训质量。因此，一个完整合理的培训计划至关重要。

二、工作程序

1. 分析培训需求，确定培训主题

作为培训前的准备工作，调查培训现状和培训需求是十分有必要的。在分析培训需求前也需要对现状有所了解，如潜在学员的人数以及构成，当前助听器验配领域对验配师的知识及能力要求，现有的培训方案以及实施效果。调查现状及需求可按如下步骤进行：

（1）划定调查地区范围。

（2）在范围内统计人数。

（3）通过抽样调查来了解潜在学员整体知识水平。

（4）了解潜在学员缺陷不足和差距。

分析方法有观察法、问卷调查法、面谈法和评估法等。

在对以上问题进行调查和归纳之后，便可以基本确定培训需求，并进一步确定培训方案。

2. 因地制宜制定培训方式

一个优秀的二级助听器验配师需要使用各种培训方法，也可综合运用几种方法来完成对三级、四级助听器验配师的培训。根据不同的培训应选择合适的培训方式，使培训效果达到最大化。

（1）讲授教学法

讲授教学即课堂教学，这种方法可以在短时间内将特定的知识信息传递给学员，适合向学员传授单一课程内容。采用这种方法，要求二级验配师掌握较好的授课技巧，特别要考虑如何使学员始终对培训内容感兴趣。即使这样，单独的课堂教学，仍然容易使学员忘掉培训内容，因此对于三级、四级助听器验配师的培训，应尽可能地把讲授与其他培训方式结合使用。

（2）讨论教学法

讨论教学法是对某一专题进行深入讨论的方法，这种方法能够在较短的时间内培训很多人，并且有利于学员的全面参与，提高他们对培训的兴趣，且便于学员理解培训主题。采用讨论法培训，要求二级助听器验配师有较好的应变、临场发挥和控制能力。除此之外，培训结束时，二级助听器验配师要对培训主题予以归纳总结，重申程序和标准，帮助三级、四级助听器验配师理解和掌握。

（3）角色扮演法

角色扮演法，也称情景表演法。这种培训的优点是有利于现场评估，鼓励学员进入角色，从而使学员对听障患者的需求及如何满足听障患者需求等方面的技巧有直接的感受。角色扮演需要二级助听器验配师事先准备好一系列的培训现场，并制定接待、测听、选配、调试等环境与听障患者的对话内容及评估标准。只有这样，才能使三级、四级助听器验配师对角色扮演感兴趣，从而达到培训预期的效果。

（4）练习教学法

练习教学法是提供培训所需的器材、材料，结合工作的需求，让学员反复实践操作，掌握正确的操作方法，使验配师能够胜任工作中的实际操作。因此练习教学法也是培训方式中非常重要的一环。在具体操作培训中，教师可指出三级、四级助听器验配师操作中的错误，并演示正确的操作方法。助听器验配模拟操作有较大的空间，便于三级、四级助听器验配师观察和体会，同时，二级验配师还要时常提问，以检查学员的理解程度。

教师示范对于三级、四级助听器验配师的培训来说是很重要的。进行示范时要边示范边慢慢解释，说一步做一步，并说出为什么这么做是重要的。还要允许学员提问，但要保证所提问题与示范有关。

在三级、四级助听器验配师实践时要注意以下几点：

1）认真挑选几名较自信的学员，让他们先开始操作，并尽量避免无法完成的情况。

2）让参加实践的验配师边做边解释他们所进行的步骤。

3）实践结束时，二级助听器验配师要作出客观的评语。

4）如某位学员实践时略有困难，可以让另一位较熟练的学员帮助。

5）不要试图避免学员在实践中犯错误，他们会从失败中获得经验。

3. 培训模拟操作

在正式培训前，可以进行此次培训的模拟演练，即模拟操作整个培训中的每一个环节，从而了解培训计划是否可行、合理，发现培训中可能存在的问题，以改进方案。模拟操作主要从以下几方面来检查整个培训计划的合理性：

（1）每个培训知识点所需时间，是否符合培训计划，安排是否合理。

（2）培训方式是否合理，所选择的方式是否适合此次培训。

（3）涉及分组培训时，分组是否可行，人员安排是否合理及分组操作可行与否。

（4）考试评估时间内容是否合理。

（5）是否给予学员充分讨论和提问时间。

在模拟过程中，可能会发现很多问题，如何改进培训方案就显得非常关键，只有合理可行的培训方案才能使培训顺利进行，学员也能获得最大收益。

【案例】

培训名称：全国第六届儿童听觉言语评估及助听器选配研修班

培训时间：5月19日—23日

培训地点：北京国际会议中心

培训学员：42人

学员基本情况：大部分学员具备多年从事听力学及助听器工作经验，已掌握听力学及助听器基础知识。

培训内容：

全国第六届儿童听觉言语评估及助听器选配研修班课程安排

日期	时间	内容	授课老师	地点
周一	5月19日			
上午	8：00—8：30	开幕式、合影		国际会议中心
	8：40—10：40	儿童听觉发育与听力障碍处理原则		国际会议中心
	10：50—11：50	我国助听器验配师制度		国际会议中心
下午	1：30—2：30	助听器基础知识及选配原则		国际会议中心

续表

日期	时间	内容	授课老师	地点
	2:40—3:40	言语测听		国际会议中心
	3:50—4:50	助听器新技术		国际会议中心
	5:00—6:00	听力学培训中心的建立		国际会议中心
	7:00	欢迎晚宴		国际会议中心
周二	5月20日			
上午	8:30—10:30	儿童听觉行为测试（PA、VRA、BOA）		国际会议中心
	10:40—12:00	儿童言语评估		国际会议中心
下午	1:30—2:30	听力损失对儿童发育的影响及电生理技术在听力损失早期干预中的应用		国际会议中心
	2:40—4:40	分组实习		五楼实习室
	4:45—5:30	讨论		五楼实习室
周三	5月21日			
上午	8:30—10:20	儿童助听器选配		国际会议中心
	10:30—12:00	儿童助听器评估方法		国际会议中心
下午	1:30—2:30	WHO助听器指南		国际会议中心
	2:40—3:10	助听器选配流程及注意事项		国际会议中心
	3:20—5:00	模拟、计算机编程、数字助听器选配，真耳分析		国际会议中心
周四	5月22日			
上午	8:30—9:00	儿童听力筛查的概况		国际会议中心
	9:10—10:30	儿童客观听力检查的综合分析		国际会议中心
	10:40—11:40	儿童耳鸣与眩晕		国际会议中心
下午	1:30—3:20	听障儿童听觉言语康复训练		国际会议中心
	3:30—5:00	人工耳蜗		国际会议中心
周五	5月23日			
上午	8:30—10:00	避免选配中的临床失误		国际会议中心
	10:10—11:30	总结、颁发结业证		国际会议中心

培训教材：研修班讲义

培训方式：讲课及实习操作

培训分析：

1. 由于本次培训为儿童听力学与助听器研修班，针对的学员是具有一定工作经验的验配师。因此,此次参加学员都是医院、康复机构及助听器专营店有多年工作经验的验配师,培训主要目的是帮助他们进一步完善听力学及助听器验配知识。

2. 本次培训的方式主要采用讲课和操作实习,让所有学员在掌握理论知识的同时掌握操作技巧,能够在今后工作中熟练运用。

3. 由于实习真耳分析的仪器只有3台,因此实习操作过程中将学员分成3组,每组有14人。一般实习时最好控制每组人数在10人以内,可以使学员有充足的时间进行操作并熟练掌握,达到比较好的效果。每组14人略偏多,难以保证每一个学员有足够多的操作时间。

4. 本次培训未设置相应的反馈机制,难以得到学员对此次培训的反馈和学员的真实感受,学员是否认为此次培训对他们今后的工作有所帮助,培训需要改进的地方等信息。

思 考 题

1. 简述助听器验配师教学中的沟通技巧。
2. 选择培训方法的判断标准是什么?
3. 列举助听器验配师培训教学的方式。
4. 简述制订助听器验配师培训计划的步骤。
5. 培训效果的评估包含哪几个方面?

第 2 节 实习指导

 学习目标

➢ 掌握各个时期的助听器选配的实习带教项目、任务和要求
➢ 掌握实习带教的形式和方法

 **知识要求**

一、实训的任务与要求

1. 助听器选配前期的实习带教项目、任务和要求（见表 4—1）

表 4—1　　　　助听器选配前期的实习带教项目、任务和要求

实习项目	带教任务	要求
病史询问	教会学员： · 对听障者及其随同人员的前来诊断表示欢迎，并确保他们坐姿舒适，确定前来咨询和诊断的人的身份 · 了解听障者一般情况（姓名、年龄、职业、生活环境等） · 仔细询问听障者听力下降的发生时间、自觉程度、可能原因、所有相关症状、症状的发展和变化、治疗过程和效果等 · 充分了解由于听力下降对听障者生活造成的影响、听障者的需求和期望等 · 把握听障者选配助听器前的心理，解除听障者的恐惧、疑虑等 · 用正确的方式与听障者沟通，掌握一些询问技巧，有效获取有用的信息，并取得听障者及其家人和朋友的信任 · 如果接待聋儿，应详细询问其出生史、母亲妊娠史、家族史、发育史、药物史等	经过实习，要求学员能够采集听障者疾病史，能采集听障者听力康复史和家族史，并确定广泛的康复方案。总结、归纳听障者的所有情况，进行综合分析
档案管理	教会学员： · 记录完整的听障者档案 · 根据听障者信息的变化实时更新档案 · 记载听障者的个人信息，属于机密文件，应妥善保存档案 · 按照一定的规律归类档案（如按日期、姓名、年龄、听力损失程度、助听器型号、地区等），便于随时查找 · 利用现代化技术，整理档案 · 提高对档案管理工作的认识，增强自觉性	经过实习，要求学员能够正确填写听障者病例表格，妥善管理档案，同时具备高度的工作责任感，良好的职业道德，办事细心的工作态度，乐于奉献的工作精神，能运用现代化科技手段和先进的管理方法管理档案

续表

实习项目	带教任务	要求
耳镜检查	教会学员： · 耳镜检查的详细步骤 · 耳镜检查的时机 · 正常及异常耳道、鼓膜的观察 · 转诊的正确判断 · 持握检耳镜的正确手法 · 正确的耳道观察角度和方法 · 与听障者直接接触器具的消毒和更换方法 · 根据耳道大小选择耳镜型号 · 调节聚光焦点	经过实习，学员应该掌握耳镜检查的技巧，熟悉操作规范，学会正确观察耳道和鼓膜
纯音测听	教会学员： · 听力零级的定义 · 听力计的功能及使用方法 · 纯音测听基本方法，即 Hughson—Westlake 法（升五降十法） · 测听前的准备（隔音室的准备、器具消毒、耳镜检查等） · 正确指示听障者，使其顺利配合完成测试的全过程 · 初始测试音的选择 · 测试频率和项目（气导、骨导、不舒适阈）等 · 掌握气导、骨导的掩蔽方法 · 听力图的正确描记方法 · 听力计常规校准和国家标准	经过实习，要求学员能够检查听力计工作状态是否正常，能向受试者解释纯音测听注意事项，能进行气导、骨导、不舒适阈和掩蔽的操作
言语测听	教会学员： · 言语测听项目及其定义 · 言语测听环境和设备要求 · 言语测听材料种类和要求 · 言语测听基本方法 · 言语测听结果分析	经过实习，要求学员能够向受试者解释言语测听注意事项，能通过仪器进行测试言语识别率及言语识别阈
视觉强化测听	教会学员： · 视觉强化测听的定义 · 视觉强化测听适用年龄范围 · 选择恰当的视觉强化物和刺激方式 · 选择恰当的初始刺激强度 · 选择初始测试频率 · 训练受试儿童建立视觉强化测听条件化 · 掌握与儿童交往的技巧，与其父母迅速建立轻松的关系，使其放松 · 测试期间注意事项（如假阳性反应、疲劳导致结果不准、过度反应、给声间隔、掩蔽等）	经过实习，要求学员能向儿童家长解释视觉强化测听注意事项，能引导儿童建立视觉强化测听条件化

续表

实习项目	带教任务	要求
游戏测听	教会学员： · 游戏测听的定义 · 游戏测听适用年龄范围 · 选择恰当的游戏项目和刺激方式 · 选择恰当的初始刺激强度 · 选择初始测试频率 · 训练受试儿童建立游戏测听条件化 · 掌握与儿童交往的技巧，与其父母迅速建立轻松的关系，使其放松 · 测试期间注意事项（如假阳性反应、疲劳导致结果不准、过度反应、给声间隔、掩蔽等）	经过实习，要求学员能向儿童家长解释游戏测听注意事项，能引导儿童建立游戏测听条件化，能进行声场听阈测试
听性脑干反应测试	教会学员： · 测试环境的准备 · 听性脑干反应的定义 · 听性脑干反应测试的原理 · 听性脑干反应测试的仪器 · 临床上听性脑干反应的主要测量参数（潜伏期、阈值、振幅等） · 听性脑干反应测试方法（刺激声、分析时间、电极放置、掩蔽等） · 听性脑干反应详细记录步骤 · 实验室正常值标准 · 正常人听性脑干反应参考值 · 各波对应的部位及意义 · 影响听性脑干反应测试的因素（受试者、刺激声、测试步骤等） · 听性脑干反应临床应用（耳科学方面、听力学方面） · 测试结果的认读和分析	经过实习，要求学员能进行皮肤脱脂和电极放置，能记录脑干电位各波形，并确定阈值和潜伏期
诱发耳声发射	教会学员： · 耳声发射的定义 · 耳声发射的分类（诱发性是重点） · 耳声发射的产生机制 · 常规耳声发射测试设备 · 诱发耳声发射记录步骤 · 正常人诱发耳声发射参考值 · 影响诱发耳声发射的因素 · 诱发耳声发射的临床应用 · 测试结果的认读和分析	经过实习，要求学员能够进行耳塞选择及放置，能测试瞬态声诱发性耳声发射，能测试畸变产物耳声发射，能记录和认读测试结果

续表

实习项目	带教任务	要求
声导抗测试	教会学员： • 声导抗的相关术语 • 声导抗的测试原理 • 声导抗常规测试仪器 • 声导抗规范测试步骤 • 鼓室图的记录及正常人鼓室图参考值 • 鼓室图的临床应用 • 鼓室图结果的认读和分析 • 声反射的定义、测量和临床意义	经过实习，要求学员能够向受试者解释声导抗测听注意事项，能进行耳塞选择及放置，能进行鼓室图测试，能进行声反馈测试，能识别测试结果并记录

2. 助听器选配中期的实习带教项目、任务和要求（见表4—2）

表4—2　　　　　助听器选配中期的实习带教项目、任务和要求

带教项目	带教任务	要求
听觉功能分析（纯音听力图的分析等）	教会学员： • 正常耳的解剖和生理 • 中、外耳相关疾病 • 通过检耳镜观察耳道异常和病变，并分析可能的原因，进行正确的判断 • 识别各种听力图（程度、性质等）及其代表的病理意义 • 助听器验配适应证及转诊指标	经过实习，要求学员能够分析耳镜检查结果，能通过纯音听力图判断听力损失的类型及种类，能根据转诊指标提出转诊建议
助听器类型的选择	教会学员： • 助听器的工作原理和分类（外形、功能、功率等） • 不同听力损失所适合的助听器类型（如定制式助听器、小功率、大功率、超大功率耳背机助听器等） • 不同年龄段听障者所适合的助听器类型（儿童、成人、老年人等） • 不同心理需求的听障者所适合的助听器类型（如追求美观，或经济实惠，或尝试新技术，或功能多样且稳定等）	经过实习，要求学员能够根据听力图结果、听障者年龄、听障者经济情况和心理需求综合选择合适的助听器类型
助听器功能的选择	教会学员： • 各式助听器所具有的功能（如方向性功能、学习功能、蓝牙功能等） • 每项功能的适用人群和环境范围 • 每项功能达到的效果 • 每项功能的使用方法	经过实习，要求学员能够根据听力图结果和听障者实际生活的环境来选择合适功能的助听器

续表

带教项目	带教任务	要求
助听器性能测试	教会学员： • 助听器性能测试仪器的元器件（如耦合腔、参考麦克风、系统电池、测量麦克风、扬声器等） • 助听器性能测试仪器的校准 • 助听器性能测试仪器的操作方法 • 助听器各项性能指标的正常值及意义 • 助听器性能测试国家标准	经过实习，要求学员能够操作助听器性能测试仪器，能测试和分析助听器最大声输出、声增益、谐波失真、频率范围、等效输入噪声、电池电流
耳印模制作	教会学员： • 制作耳印模前的准备工作（耳镜检查、器具消毒、位置等） • 排除禁忌 • 耳印模制作的规范步骤 • 耳印模的制作、选择以及正确放置方法 • 根据要求混合印模材料 • 将印模材料注入耳道、耳甲腔、耳甲艇的正确方法 • 耳印模取出的规范方法 • 耳印模质量的检查 • 耳郭或外耳道异常印模取样的操作方法	经过实习，要求学员能够掌握耳印模制作的规范步骤、技巧和注意事项，能够制作出质量合格的耳印模
助听器参数调节	教会学员： • 助听器各参数含义及功能（降噪功能、方向性功能、声反馈功能、多程序调节、最大声输出调节、增益曲线调节等） • 助听器各参数调节的效果 • 助听器各参数调节的适应对象 • 助听器各参数调节的方法 • 助听器各参数调节的时机	经过实习，要求学员能够根据听障者实际需求正确调节助听器各项参数，使其达到满意效果

3. 助听器选配后期的实习带教项目、任务和要求（见表4—3）

表4—3　　　　　助听器选配后期的实习带教项目、任务和要求

带教项目	带教任务	要求
助听听阈评估	教会学员： • 助听听阈的定义 • 助听听阈测试的环境和设备要求 • 助听听阈测试的规范方法及步骤 • 香蕉图的由来及作用 • 助听听阈结果的分析 • 根据助听听阈结果调节助听器参数	经过实习，要求学员能够进行声场测试仪器操作及校准，能通过助听听阈测试评估助听器效果，能进行助听听阈评估结果记录

续表

带教项目	带教任务	要求
问卷评估	教会学员： • 问卷评估的目的和重要性 • 评估问卷的分类（按年龄、目的、回答方式等） • 常用的几种调查问卷、内容及其适用范围 • 评估问卷的使用方法 • 评估问卷结果的计算方法	经过实习，要求学员能够根据评估对象选择合适的调查问卷，能通过电话、邮寄、面谈进行问卷评估，能分析问卷评估结果
真耳分析	教会学员： • 真耳分析的定义 • 真耳分析所需环境和设备要求 • 真耳分析仪的校准 • 真耳分析测试的项目（如真耳未助听响应、真耳助听响应、真耳—耦合腔差等） • 每项测试的规范操作步骤和意义 • 真耳测试结果的认读和分析 • 根据真耳测试结果调节助听器参数	经过实习，要求学员能够进行真耳分析仪器校准，能进行真耳增益曲线测试，能向听障者解释分析结果
言语评估	教会学员： • 言语评估的定义 • 言语评估常用的测试材料（词表、句表等） • 言语评估所需环境和设备（听力计、声场等） • 言语评估测试项目（言语识别率、言语察觉阈等） • 言语评估测试方法 • 如何根据言语评估结果评价助听器效果并对助听器精细调节	经过实习，要求学员能够进行言语评估仪器校准，能通过声场测试言语识别率，能进行言语评估结果记录
背景声中的选择性听取	教会学员： • 建立多扬声器声场 • 根据不同评估目的摆放扬声器位置，从而模拟背景噪声环境 • 控制噪声和测试信号声的给声强度，得到所需的信噪比强度 • 噪声对听觉言语清晰度的影响	经过实习，要求学员能够建立不同信噪比环境，进行噪声环境下的言语测试
语音识别	教会学员： • 语音识别的定义 • 声母识别测试材料和方法 • 韵母识别测试材料和方法 • 音节识别测试材料和方法 • 音调识别测试材料和方法 • 语音识别测试结果的分析和临床指导意义 • 言语清晰度与语音识别结果的关系	经过实习，要求学员掌握汉语语音识别测试的方法及其结果的临床指导意义

续表

带教项目	带教任务	要求
听觉训练指导	教会学员： • 告诉配戴者听觉训练的重要性 • 听力康复过程和方法 • 指导配戴者合理的佩戴时间 • 指导配戴者学会一些聆听技巧（如利用视觉、语境和情景线索等） • 向听障者提供听觉康复相关机构的信息	经过实习，要求学员能够为配戴者提供有效可行的听觉训练指导方案和信息
言语训练指导	教会学员： • 语言康复过程和原则 • 告知配戴者言语训练的方式（针对儿童、成人、老年人） • 鼓励配戴者尽早开始言语训练 • 创造有利听觉言语交流环境的技巧（如光线、距离、座位等） • 向听障者提供言语训练相关机构的信息	经过实习，要求学员能够为配戴者提供有效可行的言语训练指导方案和信息
助听器使用指导	教会学员： • 告诉配戴者助听器的保修期限和条款 • 指导配戴者正确取戴助听器或耳模 • 对有音量或程序调节旋钮的助听器，要教会配戴者正确的使用方法 • 如有遥控装置，教会配戴者掌握正确的操作方法 • 指导配戴者正确更换电池 • 指导配戴者正确连接助听器和耳模 • 指导配戴者正确干燥和保养助听器 • 指导配戴者清洁助听器的耵聍堵塞以及防耳垢装置的使用方法 • 指导配戴者电感线圈的使用 • 告诉配戴者服务中心的电话	经过实习，要求学员能够指导听障者正确佩戴盒式机、耳背机和定制式助听器，能指导听障者保养助听器
随访	教会学员： • 随访方式的选择（如电话、当面、邮件、上门等） • 随访周期的选择（针对新用户、老用户、潜在用户等） • 随访的内容（助听器的使用和佩戴情况、测听、助听器维修或保养、电池的检查、调节旋钮的使用、康复进展、问题解答、心理引导等） • 随访的详细记录和整理 • 随访结果的分析	经过实习，要求学员能根据听障者具体情况制定随访时间表，能调查言语听觉清晰度，能调查助听器佩戴舒适度

二、实习带教的形式与方法

根据学员认识活动的不同形态,实习带教的形式可分为以下几种,以语言传递为主的教学形式(包括讲授法、谈话法、讨论法、读书指导法等);直观演示的教学形式(包括演示法、参观法);实际训练的教学形式(包括练习法、实习法、实验法)和情境陶冶的教学形式。在实习带教的过程中,常常会根据实习的内容、性质、目的、学员接受能力以及实际情况的不同而综合应用上述方式。常用的实习带教方法可以归纳为:课堂讲授法、案例分析法、角色扮演法、游戏法、示范操作法和分组讨论法。以上六种方法在培训时都可以使用,但要加以选择才能达到最佳培训效果。选择培训方法时应考虑的要素见表4—4。

表 4—4　　　　　　　　　　选择培训方法时应考虑的要素

考虑要素	说明
培训目的	能够最有效地引导学员达到培训目的
培训内容	能够最有效地让学员掌握和记忆学习内容
学员情况	学员人数、学员对知识的了解水平、学员的文化与社会背景
实际情况	培训场地、时间、设施以及费用限制情况等

1. 课堂讲授法

(1)概念

课堂讲授法也称演讲法(见图4—1),既是传统模式,也是教师最常用的培训方法,是教师通过口头语言向学员描述情况、叙述事实、解释概念、论证原理和阐明规律的教学方法。它包括四种具体的方式:讲述、讲演、讲解、讲读。讲述是教师运用口头语言描绘或叙述所学的具体对象或基本材料,通过分析、解释、说明、论证对学员传授知识的一种方法,讲述注重系统知识的传授。与演讲不同,讲演主要注重的是"演",其次是"讲",因而讲演应该是通过语言的感染力来引起听众的共鸣。讲解是用语言传授知识的一种教学方式,它是通过语言对知识的剖析和揭示,剖析其组织要素和过程程序,揭示其内在联系,从而使学员把握其实质和规律。讲解有两个特点:其一,在主客体信息传输(知识传输)中,语言是唯一的媒体;其二,信息传输具有单向性(主体指向客体)。讲读是在讲述、讲解的过程中,把阅读材料的内容有机结合起来的一种方式。通常是一边读一边讲,以讲导读,以读助讲,随读指点、阐述、引申、论证或进行评述。

图 4—1 课堂讲授法

(2) 适用范围

课堂讲授法常被用于一些理念性知识的培训，用于向群体学员介绍或传授一个单一课程的内容，如对某项测听技术的介绍与演讲、某听力评估方法的意义和临床应用等理论性内容的培训。

(3) 优势与不足

课堂讲授法的优势在于能够向群体学员一次性讲授相同信息，而且时间和速度由教师掌握，有利于加深理解难度较大的内容，适于学员数量不同的大、小型培训；但此法也有不足之处，由于学员长时间没有参与，可能会有烦闷感，教师很难确定学员的掌握程度，学员对内容记忆有限。

(4) 步骤与技巧

第一步：开始，即阐明课程主题与要点。事先了解培训学员情况，包括知识、年龄、职位及培训需求等，并在讲课中有意提及，把授课内容以讲义的形式事先发给参加培训的学员，将培训场地布置得有吸引力，学员座位舒适，环境宜人。

第二步：讲述，即举例、说明主题与要点。使用音像资料、幻灯片、电子演示文稿或使用白板或翻页板等辅助工具，拉近与学员的距离，与学员进行目光交流，音量适中偏大，响亮的声音富有感染力，讲授内容时要有系统性，条理清晰，重点突出，发现学员对讲授内容流露出疑惑的神情时，放慢教学速度或重新讲解，分段授课，中间休息几次。

第三步：结束，即总结主题与要点。收集学员对课程的意见，酌情改正，总结授课经验与不足，便于下次提高。

(5) 举例，听性脑干反应测试实习带教

听性脑干反应测试实习虽然是一项操作，但理论更重于实践，因为仅仅操作仪器并不能使学员掌握听性脑干反应测试的意义。因此实习前，教师要准备一些富含图片的电子演示文稿或其他演示工具，使讲授内容易于理解；实际操作前，依次向学员介绍听性脑干反应测试的定义、测试原理，在讲解时避免平铺直叙，在讲到关键点时想办法提起学员的兴趣，比如"如果把耳和听觉中枢看成公交车的首末站，那么大家想想，一个声音搭乘公交从起点坐到终点，总共需要经过几个站？到达每站的时间需要多少呢？"通过这个比喻，学员们可以形象地理解听性脑干反应测试的工作原理，就是给耳一个声刺激，用电极记录声音经过听觉通路时各区域的反应波形和时间（潜伏期）。将此例拓展，可向学员讲解测试仪器及配件，临床上 ABR 的主要测量参数（潜伏期、阈值、振幅等），ABR 测试方法（刺激声、分析时间、电极放置、掩蔽等），ABR 详细记录步骤，实验室正常值标准，各波对应的部位及意义，影响 ABR 测试的因素（受试者、刺激声、测试步骤等），以及 ABR 临床应用（耳科学方面、听力学方面）。最后，将一些实例测试结果与比喻相结合，向学员讲解测试结果的认读和分析。

为了减少理论讲解的枯燥，可以穿插相关的音像资料，或在休息期间安排动手操作，做到实践和理论结合。

2. 案例分析法

(1) 概念

案例分析法（见图4—2）是关于要学员作出决策或是解决问题的真实或假设情况说明，可短可长。学员单独或者分组讨论分析作出决策或解决问题。所要作出的决策或解决的问题，或简单或复杂，答案不定，有多少学员或小组参加就可能有多少种答案。

图4—2 案例分析法

(2) 优势与不足

案例分析法鼓励学员的积极参与，能够提出全面分析与解决问题的方案，可以获得多种答案，开拓思维；但信息要准确，案例要真实，学员需要足够的上课时间来完成，而且讨论时学员可能会跑题。

(3) 步骤与技巧

第一步：准备案例，根据培训目的准备案例，案例要真实，源于生活或工作，可考虑使用音像或讲义形式准备案例，准备案例分析讨论的问题，这些问题要能够激发学员参与的积极性。

第二步：案例分析，对学员进行分组，鼓励团队解决问题，引导学员阅读案例，分析问题，提出解决方案，促进学员的互动，鼓励不同解决方案，始终观察各小组的进展情况，并适时进行引导。

第三步：案例分析做完后，检查各组案例分析的结果是否达到带教目的，回答学员提出的问题，总结案例分析的结果。

(4) 举例，视觉强化测听实习带教

带教前，教师事先准备一个操作案例——一段视觉强化测听视频录像，可拍摄或从相关资源库获取相关内容视频，但注意，录像中的测试过程要故意出现几处错误，因时间关系，把握在6~8处为宜，为学员准备相关记录表格，以便学员使用。培训开始时，教师首先让学员明确视觉强化测听的原理、方法和规范操作过程；接下来，让学员观看视频录像，并根据自己印象中的正确操作方法，尽可能多地找出录像上的操作错误，将错误处记录在记录表里，并提出改正的方法。例如，录像上，抱着孩子的母亲在听到声音后总是不经意地低头去看孩子的脸，此动作错误在于家长不应该给孩子任何提示，纠正的方法是测试者再次向家长说明在测试过程中不要发生多余的动作；录像播放完毕后，请学员检查并公布自己记录的结果，提出自己的意见；再由教师对该视频内容进行分析和点评，并公布正确答案；然后解答学员提出的问题，重申整个视觉强化测听的操作过程中的要点及注意事项。最后，根据实习手册给每位学员实践机会，亲自动手操作一遍。

采用这种方法，能够加深学员对整个规范测听过程的印象，并牢记测试中的注意事项，养成好的操作习惯。

3. 角色扮演法

(1) 概念

角色扮演法（见图4—3）是指一部分学员根据教师的要求表演一个特定的情景，其他学员在旁边观看并作出评价和分析。角色扮演有助于学员在愉快的环境中学习新技能，让培训变得更有趣味性，也可以帮助学员建立自信。教师通过这种方法让学员认识过去的不良行为，探索与练习新技能，并给学员接受反馈及沟通的方法。

图4—3　角色扮演法

（2）优势与不足

角色扮演法使学员能够体验真实或夸张的现实场景，体验所扮演角色的特别感受，给学员一个站在他人角度看问题的机会，学员在互动、愉悦的场景中学习与练习；但角色扮演使用较多时间来理解看起来很简单的问题，花费较多时间准备场景、解释人物、得到学员的正确理解，需要周密的计划和实施控制，有些学员可能会因为羞于表演而抵制参与。

（3）步骤与技巧

第一步：说明场景，教师提供场景资料，说明为什么要进行角色扮演，把角色扮演的内容与培训目的联系起来，为角色扮演规定时间，可使用讲义提供场景资料。

第二步：角色扮演，为参与者分配角色和任务，为其他学员分配观察任务，最好提供检查表让学员分项填写，对表演进行适时地指导或鼓励，使之正常进行，掌握时间。

第三步：听取参加表演学员的体会与感受，并引导其得出正确结论，把角色扮演活动与培训目的结合进行总结。

(4) 举例，助听器使用指导实习带教

实习前，教师准备好一张桌子、两把椅子、新包装的助听器、验配师工具箱、笔、纸等道具。实习开始时，先由教师从学员中挑选验配师和听障者的扮演者，将其组队并分配角色和任务，尽可能让每位学员都有参与机会；然后请他们演示验配师如何向听障者指导介绍助听器的使用。例如，对于第一次配戴助听器的听障者，验配师必须从如何戴上、取下助听器开始指导，事无巨细，对于老年人，一次不可能记住这么多信息，那么验配师应该将注意事项写下来或计划定期打电话给予指导，而不是敷衍听障者让其回去自己看说明书。未参与表演的学员应认真观察表演学员的指导过程，记录该过程中的可取和不足之处。观察的内容包括：验配师的业务熟练程度，指导的具体内容是否完整，验配师对听障者的态度和语气是否合适，指导的方式是否得当等。演示完毕时，可先让扮演者自己对表演进行评价，再让观察者提出意见和建议，教师对每一组的点评和总结可作为下一组表演学员的提示。待所有学员表演结束时，实际上已经对助听器使用指导过程巩固了多遍，有助于加深学员印象。

4. 游戏法

(1) 概念

游戏法（见图4—4）是通过游戏将学习内容与学习目的相联系以强化培训效果，把所学的概念应用到游戏所设计的情形之中。

图4—4　游戏法

(2) 优势与不足

游戏法优点明显，生动活泼，学员参与性强，易引起学员的兴趣，集中注意力，让学员融入学习过程，寓教于乐，通过活动引起学员对培训目的的思考；但缺点是教师需要花时间挑选或编制完全符合培训目的的游戏，特别是大型游戏，比较难掌控，需要有效的总结，将游戏与培训目的加以直接联系。

(3) 步骤与技巧

游戏为教师提供了有吸引力的重复教学的方法。用游戏巩固所学知识，达到温故知新的效果，符合成年人的学习特点。如果是技能培训，游戏可以示范多种技能。

安排游戏时，要考虑学员的年龄构成。游戏不宜过于复杂，要有清晰的游戏规则或说明。

第一步：准备游戏，选择简短、简单的游戏，通常 1~30 min，选择参与性强的游戏，通过学员在身体或心理上的参与，促进大脑的思考，准备游戏空间，要有充分的空间，没有危险性，按游戏规则对学员进行分组，介绍游戏和游戏目的，要与培训目的相结合，强调游戏时间及规则。

第二步：做游戏，不参与游戏的学员做观察员，并在结束后发表观察评论，及时对参与学员进行指导与调整，注意游戏的进展情况，记录细节，以备总结。

第三步：游戏结束，请观察员谈观察评论，请参与学员谈参与感受，总结游戏的完成过程，分析游戏细节，把游戏与培训目的联系起来，强调学习目的。

(4) 举例，助听器功能选择实习带教

实习前，培训者为每位学员准备一张硬纸板，每张纸板上写一个助听器功能，如果人数偏少，可将相近或相关联的功能写在一张纸板上。实习开始时，请学员围坐成一圈，每人拿一张纸板，首先请每位学员向大家介绍自己代表的助听器功能的原理、作用和适用人群，介绍结束后，由教师提出事先准备好的问题，问题都是关于听障者的需求，每提出一个问题，都要求学员迅速作出是否举牌的决定，如果该功能符合听障者需求，就应举牌。比如，培训者问"听障者想要听清楚会议演讲者的声音，怎么办？"拿"方向性麦克风"的学员就应该举牌，正确加分，错误扣分，最后看谁得分最高，予以奖励。在总结时，培训者应重申助听器功能选择时的注意事项。

使用这种游戏方法，可以让学员更好地掌握助听器各功能的应用和效果，帮助学员在实际验配过程中正确地解决听障者的问题，满足他们的需求。

5. 示范操作法

（1）概念

示范操作法（见图4—5）是教师向学员示范所教授工作任务的正确步骤或做法。示范操作特别适用于技能培训，这种方法要求教师对所示范操作的工作任务能够熟练地完成。

图4—5 示范操作法

（2）优势与不足

示范操作法能够调动学员视觉因素，有助于理解和记忆，引起学员的兴趣，为学员树立一个效仿的榜样，示范内容要与学员的学习直接相关；但是示范操作需要时间准备，教师示范操作时，由于学员的站立位置，可能不是所有的人都能看清楚。

（3）步骤与技巧

借助音像资料与多媒体设施的示范操作效果不错，但教师要注意将观看、解说以及操作结合使用。在必要的讲授、播放部分演示内容后，给学员亲自动手练习的机会。适用于小型集体培训和"一对一"技能培训。

第一步：示范操作前的准备，展示"样品"引起学员的兴趣，对总体任务加以说明，因为示范操作的内容可能是一个总体任务中的一小部分，介绍示范操作的程序、步骤及要点。

第二步：示范操作，以正常的速度示范操作一遍，边示范边进行解说，再放慢速度边示范边解说第二遍，让学员练习动作，互换角色，由学员边讲解操作程序与步骤,边示范操作,及时表扬学员的进步,纠正学员的错误,提供积极的反馈。

第三步:收好示范操作的用品和设施,将其看做是示范操作的一部分,再次强调操作的要点,复习培训目的,结束示范操作培训。

(4) 举例,印模取样实习带教

实习前,教师准备印模取样工具箱。实习开始时,首先向学员逐个介绍工具箱的器具名称及各自的作用,请一位学员配合当听障者,教师亲自示范演示印模取样的全过程。清洁双手,检耳镜,安置听障者,检查耳道,放置耳障,混合印模材料、注射材料,填充耳甲腔、耳甲艇,待干取出印模;再次检查耳道,检查印模质量,填写订单。操作演示期间,仔细描述各步骤的正确手法和技巧,注意事项以及可能出现的问题和应对方法。必要时换一位学员当听障者,重复操作演示一遍。

示范操作法要求教师严格按照讲义规范操作,不得有误,示范几乎是一个单向传授的过程,因此不以学员提问为主。示范完毕后,由教师指导,请每位学员按照示范程序相互印模取样,加深印象。

6. 分组讨论法

(1) 概念

分组讨论法(见图4—6)是教师将学员分组,并引导各小组对某专题进行讨论。各小组可以讨论同一题目,也可以讨论不同题目。分组讨论是一种互动培训方式,每位学员都可以参与其中,由于学员的参与从而收到良好的培训效果。

图4—6 分组讨论法

(2) 优势与不足

分组讨论法的优势在于，学员的参与使其资源得到发掘并与大家共享，有助于学员提出意见，一个意见可能会启发出另一个思路；但教师要提出讨论的框架结构，同时监控所有的小组难度较大，学习要点可能不够清晰甚至被忽略，时间比较难控制。

(3) 步骤与技巧

采用分组讨论形式进行实习带教时，教师要鼓励学员参与。

第一步：分组，最佳分组人数为 3～5 人，如果培训中设计了分组讨论，最好采用圆桌式或分组式摆台，便于同一小组成员面对面地进行沟通，规定讨论时间，最佳为 5～7 min，最长不超过 10 min，规定达到的目的以及其他具体要求，使用翻页板记录各小组的讨论意见，进行集体交流。

第二步：鼓励学员的参与，表扬领先讨论的小组，鼓励后进小组，鼓励学员自由表达意见，所提出的意见不必是成熟的意见，重在抛砖引玉，鼓励思维创新，创造一种自由开放的氛围，随时观察每个小组的讨论进展情况，回答学员问题。

第三步：总结，支持各小组的讨论结果和意见，深入理解每一条意见的实施潜力，寻找更佳方案，对讨论加以积极的总结，将讨论结果与培训目的相结合，遇到争论性话题，尽量保持中立，鼓励不同意见，引导冲突成为有创意的解决方案。

(4) 举例，听觉功能分析实习带教

实习前，教师准备 3～4 例听障者听力测试结果报告，包括主观测试结果（纯音测听、游戏测试、视觉强化测试、言语测听等）和客观测试结果（声导抗、诱发耳声发射、听觉诱发电位、多频稳态等）。将学员分组，让各组成员同时讨论同一个病例，评估该病例的听觉功能状况和康复计划。在讨论时，鼓励每位学员发挥自己的特长，尽可能周全地为每个案例考虑，制订出合理、可行的康复计划。每组在规定时间讨论完毕后，请一位代表阐述本组的讨论结果和根据，解答其他组学员提问。各组阐述完毕后，由教师对该病例进行分析和总结，并对各组讨论结果进行点评，然后进入下一个病例讨论。

分组讨论能够集思广益，开拓学员思路，每位学员为病例的诊断和分析作出了自己的贡献，所以印象深刻，而且有利于培养合作精神。

三、实习考核方法和成绩评定标准

1. 实习考核方法

对实习项目的考核主要是采用操作考试方法，学员在实习期满之后，应该在指定的考试地点（配备有必要设备、器械和材料的听力康复机构）、规定的考试时间内完成操作项目的考试。考核教师参照各项实习内容的规范操作步骤及要求对学员的实践情况进行评分。专业能力考核采用实际操作或模拟现场操作方式进行，以百分制评分，还须由二级助听器验配师进行综合评审。

2. 成绩评定标准

生产实习实训成绩分为优秀、良好、中等、及格、不及格五级制。各级的成绩评分标准如下：

（1）优秀成绩标准

1）实习期间出勤率达到100%；

2）完全能正确地选用测试工具、设备、材料等的种类；

3）能熟练操作、使用≥90%的仪器和设备；

4）≥90%的操作步骤符合操作规程及专业标准；

5）能灵活运用专业理论分析和解决实训中出现的技术问题；

6）操作或测试的结果正确率≥95%；

7）完全能遵守劳动纪律和实训现场的有关安全操作规定；

8）实训记录及有关技术资料完整。

（2）良好成绩标准

1）实习期间出勤率≥95%；

2）能正确选用≥90%的测试工具、设备、材料等的种类；

3）能熟练操作、使用≥85%的仪器和设备；

4）≥85%的操作步骤符合操作规程及专业标准；

5）基本能运用专业理论分析和解决实训中出现的技术问题；

6）操作或测试的结果正确率≥85%；

7）能较好地遵守劳动纪律和实训现场的有关安全操作规定；

8）实训记录及有关技术资料较完整。

（3）中等成绩标准

1）实习期间出勤率≥90%；

2）能正确选用≥80%的测试工具、设备、材料等的种类；

3）能熟练操作、使用≥80%的仪器和设备；

4）≥75%的操作步骤符合操作规程及专业标准；

5）操作或测试结果正确率≥75%；

6）能遵守劳动纪律和实训现场的有关安全操作规定；

7）有独立完成实训记录。

（4）及格成绩标准

1）实习期间出勤率≥85％；

2）能正确选用≥70％的测试工具、设备、材料等的种类；

3）能熟练操作、使用≥70％的仪器和设备；

4）≥65％的操作步骤符合操作规程及专业标准；

5）操作或测试结果正确率≥65％；

6）基本能遵守劳动纪律和实训现场的有关安全操作规定；

7）有实训记录。

（5）不及格成绩标准

不符合及格成绩标准即为不合格。

（6）各部分成绩之和确定毕业设计总成绩，具体标准如下：

95～100分	优
85～94分	良
75～84分	中
60～74分	及格
1～59分	不及格

3. 实习鉴定表（见表4—5）

表4—5　　　　　　　　　　实习鉴定表

姓　名		性　别	
实习地点			
实习内容			
教师评语			
实习成绩			

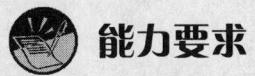 能力要求

实习指导实践

一、工作准备

1. 带教基本要求

（1）为人师表，认真带教。

（2）熟悉每一位实习学员专业知识和个人背景。

（3）按照学员的人数和专业能力选择实习基地，划分实习小组。

（4）依照实习大纲要求，有效执行实习步骤。将理论知识与具体操作联系起来。运用各种方法激发学员开动脑筋，主动思考，加深对实习内容的理解，调动学员实习积极性。

（5）热情接待每一位学员，增强学员的慎独意识，不断提高学员专业水平。

（6）运用已有的验配经验、操作技能和理论基础，严格执行带教制度，言传身教，放手不放眼，做到既带技术又带作风，使学员既掌握助听器验配的一般技能，又教会他们在操作过程中如何体现以听障人士为中心的服务意识。

2. 实习大纲的准备

（1）实习目的和任务

明确职业助听器验配师的工作职责和范围，掌握助听器验配流程每一个环节，掌握助听器技术的有效使用和操作，掌握助听器验配后的保养和护理，了解助听器的简单现场维修。每次实习完毕填写实习报告表，每周小结实习心得，通过实习，学员应围绕每一个步骤，准确完成，并结合实习体会写出这每一步骤的心得。心得要求内容丰富、选材真实、条理清晰，每篇不少于500字。整个实习完毕后予以总结。

（2）实习内容

四级助听器验配师：病史询问、档案管理、耳镜检查、纯音测听、游戏测听、听觉功能分析、助听器类型选择、助听器功能选择、印模取样、助听器调试、助听阈评估、问卷评估、助听器使用指导、随访。

三级助听器验配师：言语测听、声导抗测听、视觉强化测听、耳道异常印模取样、助听器调试、真耳分析、言语评估、康复指导。

二级助听器验配师：听性脑干反应测试、诱发耳声发射测试、助听器性能测

试、助听器调试、效果评估。

（3）实习时间安排

四级助听器验配师实习时间不少于480标准学时，三级助听器验配师实习时间不少于240标准学时，二级助听器验配师实习时间不少于120标准学时。

（4）实习注意事项

1）实习前明确认识实习的目的，了解实习内容、时间安排和纪律要求，接受必要的安全教育。

2）严格遵守实习地规章制度和实习纪律，认真听取验配中心人员的指导。实习时，必须严格按要求穿着统一制作的工作服装。

3）不准携带任何与实习无关的物品进入验配中心，不准在实习地抽烟、吃零食、随地吐痰，以及高声喧哗，严禁在实习区内打闹。

4）尊敬实习地教师和员工，并虚心向他们请教。必须服从实习指导教师的管理，严格按照指定内容、指定岗位，使用指定设备、工具和材料实习，不许在实习区内来回串岗，严禁乱拿材料，乱碰实习地其他设备。

5）严格按照操作规程操作，对设备上不了解的功能或不会使用的开关、按钮等，必须请教指导教师并经允许后，方能操作。

6）要爱护实习设备及工作服装，妥善保管使用工具，珍惜实习材料。

7）严格遵守实习基地的各项具体规定。

8）实习过程中多看多问，反对走马观花、不求甚解，提倡多动脑、勤思考、使理论与实践相结合，提高自己分析和解决实际问题的能力。

二、工作程序

1. 学员评估分析能力

课堂讲授有很强的时效性，学员的学习情况与环境的变化又往往与教师主观预拟的教学设计不尽一致，这就要求教师在讲授中随时调整控制讲授的进程。培训前应与学员充分沟通交流，了解其思想动态、学习情况和工作中可能存在的薄弱环节，希望学习哪些专业技术，以便有的放矢地开展带教工作。学员来自全国各地，评估和分析应因地制宜，如需分组时可以根据不同的年龄和性别综合考虑分配，从而顺利达成讲授的目标。

一般来说，教师在讲授的同时，应敏锐地从学员的表情反应，提问与练习活动中，感知学员对讲授内容的理解情况与情绪感受，及时调整教学内容与进度。教师要善于妥善处理讲授中的偶发事件，弥补自己讲授中的失误，主导课堂教学气氛，控制讲授时间，全面完成讲授任务。

2. 听障人士分析能力

教会学员在操作中有计划、有目的、系统地收集和评估听障者资料。要求学员具有一定的人际沟通能力和专业知识，通过系统观察、交谈、了解听障人士的一般情况和改善需求，并通过咨询和听力检测，收集与助听有关的信息和资料，在分析整理资料时，找出现有的和潜在的听障问题并制订相应的康复计划。了解听障人士和家属的期望，引导其走向合理的预期水平。

听障人士的心理是矛盾和复杂的，在验配师面对听障者提出的各种问题不知如何应对时，教师要帮助其准确分析和掌握听障者最根本的心理需求，教会其有针对性地排除听障者的顾虑，挖掘其真实的需求，灵活巧妙地提出有效的解决方式，使其心服口服并满意而归。

3. 激发学员学习动机的能力

使学员具有主动性和实用性。有的学科可能对于每个人来说都是单调无味的，而听力学科则具有内在吸引力。如果教师有计划性地采取策略，就可能使死气沉沉的教学变得生动有趣。教师在安排课程计划时，必须考虑一些能够体现积极主动、调查研究、"冒险"、社会交往和应用知识的教学方法，理论和操作讲授必须有利于引起学习兴趣，激发学习动机。一般来说，激发动机要贯穿讲授过程的始终。开头的导言要引人入胜；讲授过程应层次分明、环环相扣；列举的实例要生动，恰到好处；结语要留有余味，言虽尽而意无穷，给学员以深刻的印象。

4. 组织带教的能力

在实习教学过程中，组织实习带教是非常重要的一个环节，没有良好的教学环境和纪律，就不能保证实习教学的顺利进行，也就无法完成预定的教学任务。组织带教包括两个方面的内容：一方面是思想上的准备，要加强学员的职业道德教育，明确助听器验配师是一项高尚的服务性职业，培养学员吃苦耐劳的工作作风，让学员对实习的目的、意义有一个深刻而全面的认识；另一方面是物质上的准备和教学内容的准备，包括实习的设备、工具、材料等，实习的课题，时间分配，教学过程安排等，这都需要教师在实习前制订出详细周密的计划，这是保证各项实习工作正常进行的前提条件。

实习教学的内容必须对学员有潜在的意义，要将实习内容组织成学员易于理解、易于记忆、结构明晰的体系，并以恰当的顺序逐步将新内容融入学员已有的知识结构之中或形成新的结构。一般来说，应从既定的教学目标出发，根据学员的认识规律、情感与能力发展的规律编排好讲授的内容与程序，做到目的明确、重点突出、条理清晰、逻辑严密、难易适度。组织讲授内容的一般方法有：

（1）重点突破法

寻找教材中的重要概念、关键语段来设疑激趣、精心点拨、重点突破、带动全局。这种方法有如画龙点睛，需要教师有较强的处理教材的能力。

（2）归纳法

在大量实例或论述的基础上总结出讲述的结论与推论，或者是在逐项讲授后，给出提要，这是一种逐步综合的讲授方法。

（3）总分法

从整体入手再分门别类、划分层次进行条理明晰的阐述，这是一种逐步分化的讲授方法。

（4）问题中心法

通过提出问题、分析问题、解决问题，得出结论和解决问题的方法。这种方法具有一定的探索性，对启发学员思维和培养能力大有好处。

5. 演讲表达能力

演讲表达能力是教师应该具备的最基本的能力。演讲是教师系统阐明某种观点或得出某种结论，而很少穿插其他活动的一种讲授方式。练习的方式有：

（1）写演讲稿

选择一段教材内容用演讲方式教学。备课时认真写好演讲稿，撰稿时注意先理清思路，草拟演讲提纲；再认真起草讲稿，撰稿中注意合理选择演讲内容的结构，注重演讲语言的特点，恰当设计高潮与安排节奏；写好草稿后要认真反复修改，修改的内容包括深化主题、增删材料、调整结构、润色语言。

（2）认真讲练

先自己在安静处或其他人少的地方放声讲练，注意从语言、体态、情感等多方面检查自己讲练的不足之处，加以改进。

（3）自我评估

可选择优秀教师的教学实况录像，播放其中几段讲述的内容，观摩后分析与复述；将自己在实际教学中的一段讲述过程记录下来，然后与同事、朋友一起听录音，一起想想应如何改进。

6. 示范操作能力

示范操作的主要作用是使学员获得感性知识，加深学员对所学知识的认识和理解，它是实习教学至关重要的环节，它可以让学员具体、生动、形象、直接地感受到所学的技能技巧是怎样形成的。教师示范教学的时候一方面要安排好学员的观看位置，使每一个学员都能看清楚；另一方面教师示范过程中必须严格按照教材的要求进行，做到边示范，边讲解，使讲、做严格一致。力求做到讲解清楚，步骤清晰可见。

教师必须具备很强的示范操作能力。作为示范操作，几乎不允许在培训时出现错误，因此，要做到准确无误，教师需要在日常工作中积累经验和教训，反复练习，做到驾轻就熟，而且应善于总结操作过程中的问题，及时解决。

7. 学习能力

无论在哪个行业，学习能力都是教师需具备的关键能力。助听器行业在中国发展年数不长，许多知识都有待学习。对教师而言，必须掌握信息化的学习方式，飞速发展的信息时代要求教师要善于运用全新的学习和发展媒介，如计算机网络、多媒体、专业内容网络、信息搜索、电子图书馆、网上课堂等，充分接触丰富、翔实、地道的学习资料，强化个性化学习，突出信息沟通的交互性，培养信息素养。教师作为自觉的学习主体，立足于学习实际和社会生活，关注学习的过程，重视对知识技能的运用，强调亲自参与探索性实践活动并获得感悟的体验。在研究性学习实施中，科学方法的学习尤为重要，需要广泛涉猎知识、技能和信息，通过独自探索和相互交流不断创新理论、思路和观点，培养敏锐的观察能力、实践能力、质疑能力和创新能力。学习是为了适应未来行业发展的需要，也是自身发展的需要。教师不仅仅自身要成为与时俱进的优秀助听器验配师，还肩负着培养优秀验配师的重任，因此要通过学习不断提高专业知识结构，将知识本身传达给验配师的同时，还应将学习方法分享给学员，共同进步。

8. 提问能力

课堂提问作为巩固知识的重要手段，在操作实习中也应得到广泛地应用。课堂提问按学员思维活动的认知目标可划分为低级认知问题和高级认知问题。

低级认知问题，只需回忆、理解、适当组合和简单应用，目的在于复习巩固。其中，知识性问题只需通过机械记忆就可以回答，它要求学员善于将已学过的知识迅速提取再现，目的主要是了解学员熟悉教学内容的程度，训练表达能力；理解性问题主要包括：用自己的话描述事实、事件、现象；用自己的话归纳学习内容的要点；对事实、现象进行比较或区别等，学员要回答这类问题不仅需要回忆已学知识，还要进行整理，重新组合和解释；运用性问题是建立一个简单的应用知识和动作技能的问题情境，学员的回答不仅要回忆、理解知识，而且要用来解决新的问题或实际的问题。

高级认知问题，必须进行高级思维（分析、综合、评价）等活动，发展思维能力和表达见解的能力。这类问题一般不具有现成的答案或唯一的答案，学员答问时必须进行高级思维活动，它的目的主要是发展学员思维能力和表达自己见解的能力。其中，分析性问题包括分析事物的构成要素、分析事物之间的关系和分析事物的原理等三个小类；综合性问题要求学员在理解的基础上进行分析，并通过想象、推理，综合所分析的结果得出结论；评价性问题是要学员发表自己对某一问题或事物的看法，并阐述理由，一般来说，回答这类问题前要让学员先建立起正确的价值观，并给出正确判断评价的原则，这样才有评价的依据。

9. 巡回指导的能力

教师在对课题讲解和示范的基础上，要针对学员的实习操作，有目的、有计划、有准备地对学员的实习作全面的检查和指导。全面提高学员实习操作水平，这种指导要从学员的实际出发，对不同的学员和他们存在的不同问题进行个别指导。这一阶段是学员形成技能技艺的重要阶段，作为教师在这一阶段主要是检查和纠正学员操作姿势和操作方法。既要注意共性的问题，又要注意个性问题。个别问题个别解决，共性问题集中讲解。在检查过程中，要目的明确，指导要有针对性，从实习专业和实习进度出发，把握检查指导重点，一般来说，基本功的流程操作以巩固熟练为主，而测试结果的检查应该贯穿整个实习过程。作为教师必须做到脚勤、眼勤、脑勤、口勤和手勤，要指导检查学员操作方法是否正确，安全规程遵守如何，是否会用测试设备等，从而发挥教师的主导和主体作用，加速学员技能的形成，提高实习质量和效果。

教师需要设计一张规范的问题记录表，在实习带教过程中发现的问题应及时记录下来，分析其产生的原因，提出切实可行的解决方案。对学员提出的问题须本着科学的态度，经过认真查证再给予答复，不可随便敷衍了事，令学员一知半解。另外，对学员提出的问题也应与之探讨，积极倾听他们的想法和观点。记录的问题同时也可以作为以后培训的案例。

10. 总结和评估的能力

教师对每次实习的总结至关重要，从概括的知识点中，学员们能够把握实习的重点、难点和需要注意的方面，因而，教师应培养高度的总结和概括能力。首先，概括的角度要准确，概括的要素要清楚，概括的顺序要合理，概括的主旨要突出，概括的详略要得当，概括的线索要明确，概括的语言要精练。每周认真阅读学员周记，对不正确之处及时指出，对实习过程中出现的不正规现象及表现出色的地方及时与学员交流，并作出指导及评价。

实习结束时或一天实习结束时，教师必须验收学员实践的成果，检查学员在实习过程中是否按安全规范的要求进行操作,是否已清理现场和做好测试设备仪器的维护保养工作,对学员在实习过程中各方面的表现进行成绩考核和评分,并布置适当的作业或思考题。在结束指导过程中,教师要全面具体、准确地掌握情况,力求使总结有指导意义,有实际的价值。要注意引导学员认真总结在实习过程中积累的实习经验,分析实习操作效果,找出减少误差的办法,启发学员独立地找出规律和得出结论,帮助学员把感性认识上升为理性认识,以形成自己的技能技巧。实习总结要做好两方面的工作,一方面要总结一天的实习情况,肯定成绩,指出不足,分析原因,找出解决的办法,明确以后注意的问题;另一方面要对工具、材料、文件的保管等方面作出全面的总结,扬长避短,为后一阶段实习提供借鉴。

思 考 题

1. 学习实习指导的目标是什么?
2. 助听器选配实习各阶段的带教项目有哪些?
3. 常用的实习带教法有哪几种?请说明示范操作法的适用范围并举例说明其具体运用。
4. 实习成绩评定采用的是什么标准?
5. 实习带教人员需要具备哪些能力?

附录 1

儿童语音均衡式词表——韵母部分（孙喜斌词表）

编号	测试内容			序号（正→误）	测试结果 x	$\overline{k}$	测试得分 $k \cdot x$	归一化系数 k		
	词表1	词表2	词表3					1	2	3
1	鼻/bí/	白/bái/	拔/bá/					0.15	1	1
2	风/fēng/	方/fāng/	飞/fēi/					1	1	0.35
3	摸/mō/	妈/mā/	猫/māo/					0.15	1	1
4	肚/dù/	弟/dì/	豆/dòu/					1	0.44	1
5	听/tīng/	脱/tuō/	踢/tī/					1	1	1
6	奶/nǎi/	女/nǚ/	鸟/niǎo/					1	0.36	1
7	锣/luó/	楼/lóu/	林/lín/					1	1	0.25
8	蓝/lán/	铃/líng/	梨/lí/					1	1	1
9	瓜/guā/	高/gāo/	锅/guō/					1	1	0.15
10	鸭/yā/	衣/yī/	烟/yān/					1	0.08	1
11	黑/hēi/	花/huā/	喝/hē/					0.36	1	1
12	车/chē/	吃/chī/	窗/chuāng/					1	0.44	1
13	鞋/xié/	洗/xǐ/	熊/xióng/					1	1	1
14	山/shān/	水/shuǐ/	鼠/shǔ/					1	1	1
15	裙/qún/	墙/qiáng/	球/qiú/					0.25	1	1
16	虾/xiā/	靴/xuē/	星/xīng/					1	1	0.36
17	鹿/lù/	链/liàn/	辣/là/					1	1	1
18	走/zǒu/	早/zǎo/	嘴/zuǐ/					1	1	0.36
19	牙/yá/	鱼/yú/	圆/yuán/					1	0.15	1
20	壶/hú/	河/hé/	红/hóng/					0.44	1	1
21	灯/dēng/	刀/dāo/	蹲/dūn/					1	1	0.25
22	本/běn/	笔/bǐ/	表/biǎo/							
23	象/xiàng/	线/xiàn/	笑/xiào/							
24	鸡/jī/	家/jiā/	镜/jìng/							
25	菜/cài/	刺/cì/	错/cuò/					1	1	1
					总分					

结果分析与建议：

测试者： 测试日期：

《儿童语音均衡式识别能力评估》记录表

姓　　名＿＿＿＿＿＿	出生日期＿＿＿＿＿＿＿	性别：□男　□女
证件号码＿＿＿＿＿＿	家庭住址＿＿＿＿＿＿＿	电话＿＿＿＿＿＿＿
检 查 者＿＿＿＿＿＿	测验日期＿＿＿＿＿＿＿	编号＿＿＿＿＿＿＿

听力状况：□正常　□异常　放大装置：□人工耳蜗　□助听器　效果＿＿＿＿＿

备　　注：＿＿＿＿＿＿＿＿＿＿＿＿＿＿＿＿＿＿＿＿＿＿＿＿＿＿＿＿

附录2

儿童语音均衡式词表——声母部分（孙喜斌词表）

编号	测试内容			序号(正→误)	测试结果 x	测试得分 k·x	归一化系数 k		
	词表1	词表2	词表3				1	2	3
1	白/bái/	柴/chái/	埋/mái/				1	1	1
2	塔/tǎ/	打/dǎ/	马/mǎ/				1	1	1
3	猫/māo/	刀/dāo/	包/bāo/				0.15	1	1
4	喝/hē/	哥/gē/	车/chē/				1	1	1
5	脱/tuō/	锅/guō/	桌/zhuō/				1	0.60	1
6	切/qiē/	贴/tiē/	街/jiē/				1	1	0.86
7	瓜/guā/	刷/shuā/	花/huā/				1	0.99	1
8	鸟/niǎo/	脚/jiǎo/	表/biǎo/				1	1	0.70
9	灯/dēng/	风/fēng/	扔/rēng/				1	0.60	1
10	攀/pān/	搬/bān/	山/shān/				1	1	1
11	臭/chòu/	楼/lóu/	猴/hóu/				1	1	1
12	刺/cì/	四/sì/	日/rì/				1	1	0.99
13	线/xiàn/	面/miàn/	链/liàn/				0.44	1	1
14	龙/lóng/	红/hóng/	虫/chóng/				1	1	1
15	握/wò/	坐/zuò/	落/luò/				0.70	1	1
16	六/liù/	球/qiú/	牛/niú/				1	1	1
17	鸡/jī/	七/qī/	西/xī/				0.60	1	1
18	书/shū/	猪/zhū/	哭/kū/				0.86	1	1
19	盆/pén/	门/mén/	闻/wén/				1	1	0.86
20	铃/líng/	星/xīng/	镜/jìng/				1	1	1
21	水/shuǐ/	嘴/zuǐ/	腿/tuǐ/				0.44	1	1
22	狗/gǒu/	手/shǒu/	走/zǒu/				1	0.15	1
23	妹/mèi/	黑/hēi/	飞/fēi/				1	1	1
24	鱼/yú/	驴/lú/	女/nǚ/				1	1	0.99
25	家/jiā/	虾/xiā/	鸭/yā/				1	0.86	1
				总分					

结果分析与建议：

测试者： 测试日期：

《儿童语音均衡式识别能力评估》记录表

姓　　名＿＿＿＿＿＿　出生日期＿＿＿＿＿＿＿　性别：□男　□女
证件号码＿＿＿＿＿＿　家庭住址＿＿＿＿＿＿＿　电话＿＿＿＿＿＿
检　查　者＿＿＿＿＿＿　测验日期＿＿＿＿＿＿＿　编号＿＿＿＿＿＿

听力状况：□正常　□异常　放大装置：□人工耳蜗　□助听器　效果＿＿＿＿＿＿
备　　注：＿＿＿＿＿＿＿＿＿＿＿＿＿＿＿＿＿＿＿＿＿＿＿＿＿＿＿＿＿＿

附录3

儿童音位对比式词表——韵母部分（孙喜斌—刘巧云词表）

一、相同结构、不同开口

（一）开口呼与撮口呼

语音对序号	音位对比	目标音	测试音	测试词	测试结果
1	单韵母	开口呼/撮口呼	e/ü	é/yú	鹅/鱼	
2	单韵母	开口呼/撮口呼	er/ü	ér/yú	儿/鱼	

（二）合口呼与撮口呼

语音对序号	音位对比	目标音	测试音	测试词	测试结果
3	单韵母	合口呼/撮口呼	u/ü	wú/yú	无/鱼	
4	前鼻韵母	合口呼/撮口呼	uan/üan	wǎn/yuǎn	碗/远	

（三）齐齿呼与合口呼

语音对序号	音位对比	目标音	测试音	测试词	测试结果
5	单韵母	齐齿呼/合口呼	i/u	yī/wū	衣/屋	
6	后响	齐齿呼/合口呼	ia/ua	yā/wā	鸭/挖	
7	前鼻韵母	齐齿呼/合口呼	ian/uan	yǎn/wǎn	眼/碗	
8	后鼻韵母	齐齿呼/合口呼	iang/uang	yáng/wáng	羊/王	

（四）开口呼与齐齿呼

语音对序号	音位对比	目标音	测试音	测试词	测试结果
9	单韵母	开口呼/齐齿呼	a/i	bá/bí	拔/鼻	
10	单韵母	开口呼/齐齿呼	e/i	é/yí	鹅/姨	
11	单韵母	开口呼/齐齿呼	er/i	ér/yí	儿/姨	
12	前鼻韵母	开口呼/齐齿呼	en/in	pēn/pīn	喷/拼	
13	单韵母	开口呼/齐齿呼	o/i	pó/pí	婆/皮	
14	后鼻韵母	开口呼/齐齿呼	ang/ing	páng/píng	螃/瓶	
15	前鼻韵母	开口呼/齐齿呼	an/in	pán/pín	盘/贫	
16	后鼻韵母	开口呼/齐齿呼	eng/ing	péng/píng	棚/瓶	
17	前鼻韵母	开口呼/齐齿呼	an/ian	bān/biān	搬/鞭	
18	后鼻韵母	开口呼/齐齿呼	ang/iang	áng/yáng	昂/羊	

（五）开口呼与合口呼

语音对序号	音位对比	目标音	测试音	测试词	测试结果
19	单韵母	开口呼/合口呼	a/u	ā/wū	啊/屋	
20	单韵母	开口呼/合口呼	e/u	é/wú	鹅/无	
21	后鼻韵母	开口呼/合口呼	ang/uang	háng/huáng	航/黄	
22	单韵母	开口呼/合口呼	er/u	ér/wú	儿/无	
23	单韵母	开口呼/合口呼	o/u	pó/pú	婆/葡	
24	前鼻韵母	开口呼/合口呼	en/uen	hén/hún	痕/浑	
25	前鼻韵母	开口呼/合口呼	an/uan	hán/huán	寒/环	

（六）齐齿呼与撮口呼

语音对序号	音位对比	目标音	测试音	测试词	测试结果
26	单韵母	齐齿呼/撮口呼	i/ü	yǐ/yǔ	椅/雨	
27	前鼻韵母	齐齿呼/撮口呼	ian/üan	yán/yuán	盐/圆	
28	后响	齐齿呼/撮口呼	ie/üe	yè/yuè	叶/月	
29	前鼻韵母	齐齿呼/撮口呼	in/ün	yìn/yùn	印/熨	

二、相同开口、不同结构

（七）后响与后鼻韵母

语音对序号	音位对比	目标音	测试音	测试词	测试结果
30	齐齿呼	后响/后鼻韵母	ia/ing	xiā/xīng	虾/星	
31	齐齿呼	后响/后鼻韵母	ie/ing	yè/yìng	叶/硬	
32	合口呼	后响/后鼻韵母	ua/uang	huá/huáng	滑/黄	
33	齐齿呼	后响/后鼻韵母	ia/iang	yá/yáng	牙/羊	

（八）中响与后鼻韵母

语音对序号	音位对比	目标音	测试音	测试词	测试结果
34	合口呼	中响/后鼻韵母	uai/uang	huái/huáng	怀/黄	
35	齐齿呼	中响/后鼻韵母	iao/iang	xiāo/xiāng	削/箱	

(九) 单韵母与后响

语音对序号	音位对比	目标音	测试音	测试词	测试结果
36	齐齿呼	单韵母/后响	i/ia	jī/jiā	鸡/家	
37	齐齿呼	单韵母/后响	i/ie	yí/yé	姨/爷	
38	合口呼	单韵母/后响	u/ua	gū/guā	菇/瓜	
39	合口呼	单韵母/后响	u/uo	gū/guō	菇/锅	
40	撮口呼	单韵母/后响	ü/üe	yù/yuè	玉/月	

(十) 单韵母与后鼻韵母

语音对序号	音位对比	目标音	测试音	测试词	测试结果
41	开口呼	单韵母/后鼻韵母	e/eng	hé/héng	河/横	
42	齐齿呼	单韵母/后鼻韵母	i/ing	xī/xīng	吸/星	
43	开口呼	单韵母/后鼻韵母	a/ang	pá/páng	爬/螃	

(十一) 前响与前鼻韵母

语音对序号	音位对比	目标音	测试音	测试词	测试结果
44	开口呼	前响/前鼻韵母	ei/en	péi/pén	陪/盆	
45	开口呼	前响/前鼻韵母	ai/an	pái/pán	牌/盘	
46	开口呼	前响/前鼻韵母	ao/an	páo/pán	袍/盘	

(十二) 后响与前鼻韵母

语音对序号	音位对比	目标音	测试音	测试词	测试结果
47	齐齿呼	后响/前鼻韵母	ia/in	xiā/xīn	虾/心	
48	齐齿呼	后响/前鼻韵母	ia/ian	xiā/xiān	虾/掀	
49	合口呼	后响/前鼻韵母	ua/uan	huá/huán	滑/环	
50	撮口呼	后响/前鼻韵母	üe/ün	yuè/yùn	月/熨	
51	齐齿呼	后响/前鼻韵母	ie/in	xiē/xīn	蝎/心	

(十三) 单韵母与前响

语音对序号	音位对比	目标音	测试音	测试词	测试结果
52	开口呼	单韵母/前响	e/ei	hē/hēi	喝/黑	
53	开口呼	单韵母/前响	o/ao	bō/bāo	剥/包	
54	开口呼	单韵母/前响	a/ai	pá/pái	爬/牌	
55	开口呼	单韵母/前响	a/ao	yā/yāo	鸭/腰	
56	开口呼	单韵母/前响	o/ou	pō/pōu	泼/剖	

（十四）单韵母与前鼻韵母

语音对序号	音位对比	目标音	测试音	测试词	测试结果
57	开口呼	单韵母/前鼻韵母	e/en	hé/hén	河/痕	
58	开口呼	单韵母/前鼻韵母	a/an	pá/pán	爬/盘	
59	齐齿呼	单韵母/前鼻韵母	i/in	xī/xīn	吸/心	

（十五）后响与中响

语音对序号	音位对比	目标音	测试音	测试词	测试结果
60	合口呼	后响/中响	ua/uai	huá/huái	滑/怀	
61	齐齿呼	后响/中响	ia/iao	jiā/jiāo	家/教	

（十六）中响与前鼻韵母

语音对序号	音位对比	目标音	测试音	测试词	测试结果
62	合口呼	中响/前鼻韵母	uei/uen	huí/hún	回/浑	
63	齐齿呼	中响/前鼻韵母	iao/ian	xiāo/xiān	削/掀	
64	合口呼	中响/前鼻韵母	uai/uan	huái/huán	怀/环	

（十七）前响与后鼻韵母

语音对序号	音位对比	目标音	测试音	测试词	测试结果
65	开口呼	前响/后鼻韵母	ai/ang	pái/páng	牌/螃	
66	开口呼	前响/后鼻韵母	ei/eng	péi/péng	陪/篷	
67	开口呼	前响/后鼻韵母	ao/ang	pào/pàng	炮/胖	
68	开口呼	前响/后鼻韵母	ou/ong	gǒu/gǒng	狗/拱	

三、相同开口、相同结构

（十八）前鼻韵母、齐齿呼

语音对序号	音位对比	目标音	测试音	测试词	测试结果
69	前鼻韵母	齐齿呼	in/ian	yín/yán	银/盐	

（十九）单韵母、开口呼

语音对序号	音位对比	目标音	测试音	测试词	测试结果
70	单韵母	开口呼	a/o	pá/pó	爬/婆	
71	单韵母	开口呼	e/er	é/ér	鹅/儿	
72	单韵母	开口呼	a/e	là/lè	辣/乐	

(二十) 后响、齐齿呼

语音对序号	音位对比	目标音	测试音	测试词	测试结果
73	后响	齐齿呼	ia/ie	yá/yé	牙/爷	

(二十一) 前鼻韵母、撮口呼

语音对序号	音位对比	目标音	测试音	测试词	测试结果
74	前鼻韵母	撮口呼	ün/üan	yún/yuán	云/圆	

(二十二) 后响、合口呼

语音对序号	音位对比	目标音	测试音	测试词	测试结果
75	后响	合口呼	ua/uo	guā/guō	瓜/锅	

(二十三) 前响、开口呼

语音对序号	音位对比	目标音	测试音	测试词	测试结果
76	前响	开口呼	ai/ao	bāi/bāo	掰/包	
77	前响	开口呼	ai/ei	bāi/bēi	掰/杯	

(二十四) 前鼻韵母、合口呼

语音对序号	音位对比	目标音	测试音	测试词	测试结果
78	前鼻韵母	合口呼	uan/uen	wán/wén	玩/闻	

(二十五) 后鼻韵母、齐齿呼

语音对序号	音位对比	目标音	测试音	测试词	测试结果
79	后鼻韵母	齐齿呼	iong/iang	qióng/qiáng	穷/墙	
80	后鼻韵母	齐齿呼	ing/iang	yíng/yáng	蝇/羊	
81	后鼻韵母	齐齿呼	ing/iong	qíng/qióng	晴/穷	

(二十六) 中响、合口呼

语音对序号	音位对比	目标音	测试音	测试词	测试结果
82	中响	合口呼	uai/ui	guāi/guì	怪/跪	

（二十七）前鼻韵母、开口呼

语音对序号	音位对比		目标音	测试音	测试词	测试结果
83	前鼻韵母	开口呼	an/en	gān/gēn	竿/根	

（二十八）后鼻韵母、开口呼

语音对序号	音位对比		目标音	测试音	测试词	测试结果
84	后鼻韵母	开口呼	ang/ong	gāng/gōng	钢/弓	
85	后鼻韵母	开口呼	ang/eng	gāng/gēng	钢/耕	
86	后鼻韵母	开口呼	eng/ong	hēng/hōng	哼/烘	

四、前鼻韵母与后鼻韵母

（二十九）前鼻韵母与后鼻韵母

语音对序号	音位对比		目标音	测试音	测试词	测试结果
87	开口呼	前鼻韵母/后鼻韵母	an/ang	lán/láng	蓝/狼	
88	齐齿呼	前鼻韵母/后鼻韵母	ian/iang	xiān/xiāng	掀/箱	
89	合口呼	前鼻韵母/后鼻韵母	uan/uang	chuán/chuáng	船/床	
90	合口呼	前鼻韵母/后鼻韵母	uen/ueng	wēn/wēng	温/翁	
91	开口呼	前鼻韵母/后鼻韵母	en/eng	pén/péng	盆/篷	
92	齐齿呼	前鼻韵母/后鼻韵母	in/ing	xīn/xīng	心/星	

《儿童音位对比式识别能力评估》记录表

| 姓　　名_____出生日期_____性别：□男　□女 |
| 证件号码_____家庭住址_____电话_____ |
| 检 查 者_____测验日期_____编号_____ |

听力状况：□正常　□异常　放大装置：□人工耳蜗　□助听器　效果_____

备　　注：_____

《儿童音位对比式识别能力评估》结果分析表

音位对比词表——韵母部分（孙喜斌—刘巧云词表）

相同结构 不同开口		相同结构 不同开口		相同开口 不同结构		相同开口 不同结构		相同开口 相同结构		前鼻韵母与 后鼻韵母	
序号	得分	序号	得分	序号	得分	序号	得分	序号	得分	序号	得分
1		22		30		51		69		87	
2		23		31		52		70		88	
3		24		32		53		71		89	
4		25		33		54		72		90	
5		26		34		55		73		91	
6		27		35		56		74		92	
7		28		36		57		75		小计	
8		29		37		58		76		(6)	
9		小计		38		59		77			
10		(29)		39		60		78			
11				40		61		79			
12				41		62		80			
13				42		63		81			
14				43		64		82		韵母音位 对比识别 总得分____%	
15				44		65		83			
16				45		66		84			
17				46		67		85			
18				47		68		86			
19				48		小计		小计			
20				49		(29)		(18)			
21				50							

结果分析与建议：

测试者：

测试日期：

附录 4

儿童音位对比式词表——声母部分（孙喜斌—刘巧云词表）

一、擦音与无擦音

（一）擦音与无擦音

语音对序号	音位对比	目标音	测试音	测试词	测试结果
1	舌根音	擦音/无擦音	h/无擦音	hé/é	河/鹅	
2	舌尖音	擦音/无擦音	s/无擦音	sè/è	色/饿	

二、清辅音与浊辅音

（二）塞音与边音的清浊识别

语音对序号	音位对比	目标音	测试音	测试词	测试结果
3	舌尖音	塞音/边音	t/l	tā/lā	塌/拉	
4	舌尖音	塞音/边音	d/l	dā/lā	搭/拉	

（三）塞音与擦音的清浊识别

语音对序号	音位对比	目标音	测试音	测试词	测试结果
5	舌尖音	塞音/擦音	t/r	tù/rù	兔/褥	
6	舌尖音	塞音/擦音	d/r	dù/rù	肚/褥	

（四）塞擦音与擦音的清浊识别

语音对序号	音位对比	目标音	测试音	测试词	测试结果
7	舌尖音	塞擦音/擦音	ch/r	chòu/ròu	臭/肉	
8	舌尖音	塞擦音/擦音	c/r	còu/ròu	凑/肉	
9	舌尖音	塞擦音/擦音	z/r	zòu/ròu	揍/肉	
10	舌尖音	塞擦音/擦音	zh/r	zhù/rù	柱/褥	

（五）鼻音与塞音的清浊识别

语音对序号	音位对比	目标音	测试音	测试词	测试结果
11	舌尖音	鼻音(浊)/塞音(清)	n/t	nù/tù	怒/兔	
12	唇音	鼻音(浊)/塞音(清)	m/b	māo/bāo	猫/包	
13	唇音	鼻音(浊)/塞音(清)	m/p	mào/pào	帽/炮	
14	舌尖音	鼻音(浊)/塞音(清)	n/d	nào/dào	闹/稻	

（六）塞擦音与边音的清浊识别

语音对序号	音位对比	目标音	测试音	测试词	测试结果
15	舌尖音	塞擦音/边音	ch/l	chòu/lòu	臭/漏	
16	舌尖音	塞擦音/边音	c/l	cā/lā	擦/拉	
17	舌尖音	塞擦音/边音	z/l	zòu/lòu	揍/漏	
18	舌尖音	塞擦音/边音	zh/l	zhòu/lòu	皱/漏	

（七）擦音与边音的清浊识别

语音对序号	音位对比	目标音	测试音	测试词	测试结果
19	舌尖音	擦音/边音	sh/l	shù/lù	树/鹿	
20	舌尖音	擦音/边音	s/l	sù/lù	塑/鹿	

（八）鼻音与擦音的清浊识别

语音对序号	音位对比	目标音	测试音	测试词	测试结果
21	舌尖音	鼻音/擦音	n/sh	nù/shù	怒/树	
22	唇音	鼻音/擦音	m/f	mǔ/fǔ	母/斧	
23	舌尖音	鼻音/擦音	n/s	nù/sù	怒/塑	

（九）鼻音与塞擦音的清浊识别

语音对序号	音位对比	目标音	测试音	测试词	测试结果
24	舌尖音	鼻音/塞擦音	n/z	ná/zá	拿/砸	
25	舌尖音	鼻音/塞擦音	n/c	nù/cù	怒/醋	
26	舌尖音	鼻音/塞擦音	n/ch	nù/chù	怒/触	
27	舌尖音	鼻音/塞擦音	n/zh	nù/zhù	怒/柱	

（十）擦音的清浊识别

语音对序号	音位对比	目标音	测试音	测试词	测试结果
28	舌尖音	清擦音/浊擦音	sh/r	shòu/ròu	瘦/肉	
29	舌尖音	清擦音/浊擦音	s/r	sù/rù	塑/褥	

三、送气音与不送气音

（十一）送气塞擦音与不送气塞擦音

语音对序号	音位对比	目标音	测试音	测试词	测试结果
30	舌尖音	送气/不送气塞擦音	zh/c	zhū/cū	猪/粗	
31	舌尖音	送气/不送气塞擦音	z/ch	zì/chì	字/翅	
32	舌面音	送气/不送气塞擦音	j/q	jī/qī	鸡/七	
33	舌尖音	送气/不送气塞擦音	zh/ch	zhū/chū	猪/出	
34	舌尖音	送气/不送气塞擦音	z/c	zì/cì	字/刺	

（十二）送气塞音与不送气塞音

语音对序号	音位对比	目标音	测试音	测试词	测试结果
35	唇音	送气/不送气塞音	b/p	bāo/pāo	包/抛	
36	舌根音	送气/不送气塞音	g/k	gū/kū	菇/哭	
37	舌尖音	送气/不送气塞音	d/t	dào/tào	稻/套	

四、相同部位、不同方式

（十三）塞音与塞擦音

语音对序号	音位对比	目标音	测试音	测试词	测试结果
38	舌尖音	塞音/塞擦音	d/ch	dù/chù	肚/触	
39	舌尖音	塞音/塞擦音	d/c	dù/cù	肚/醋	
40	舌尖音	塞音/塞擦音	t/zh	tǔ/zhǔ	土/煮	
41	舌尖音	塞音/塞擦音	t/z	tú/zú	涂/足	
42	舌尖音	塞音/塞擦音	d/z	dú/zú	读/足	
43	舌尖音	塞音/塞擦音	t/ch	tù/chù	兔/触	
44	舌尖音	塞音/塞擦音	t/c	tù/cù	兔/醋	
45	舌尖音	塞音/塞擦音	d/zh	dǔ/zhǔ	堵/煮	

（十四）塞擦音与擦音

语音对序号	音位对比	目标音	测试音	测试词	测试结果
46	舌尖音	塞擦音/擦音	z/sh	zī/shī	姿/狮	
47	舌尖音	塞擦音/擦音	ch/s	chì/sì	翅/四	
48	舌尖音	塞擦音/擦音	ch/sh	chù/shù	触/树	
49	舌尖音	塞擦音/擦音	zh/sh	zhū/shū	猪/书	
50	舌面音	塞擦音/擦音	j/x	jī/xī	鸡/吸	
51	舌尖音	塞擦音/擦音	zh/s	zhī/sī	织/撕	
52	舌尖音	塞擦音/擦音	z/s	zì/sì	字/四	
53	舌尖音	塞擦音/擦音	c/sh	cì/shì	刺/室	
54	舌面音	塞擦音/擦音	q/x	qī/xī	七/吸	
55	舌尖音	塞擦音/擦音	c/s	cì/sì	刺/四	

（十五）塞音与擦音

语音对序号	音位对比	目标音	测试音	测试词	测试结果
56	舌尖音	塞音/擦音	d/sh	dù/shù	肚/树	
57	舌尖音	塞音/擦音	t/sh	tù/shù	兔/树	
58	舌尖音	塞音/擦音	t/s	tù/sù	兔/塑	
59	舌根音	塞音/擦音	g/h	gǔ/hǔ	骨/虎	
60	唇音	塞音/擦音	b/f	bēi/fēi	杯/飞	
61	舌尖音	塞音/擦音	d/s	dù/sù	肚/塑	
62	唇音	塞音/擦音	p/f	pǔ/fǔ	谱/斧	
63	舌根音	塞音/擦音	k/h	ké/hé	壳/河	

（十六）鼻音与边音

语音对序号	音位对比	目标音	测试音	测试词	测试结果
64	舌尖音	鼻音/边音	n/l	nù/lù	怒/鹿	

（十七）鼻音与擦音

语音对序号	音位对比	目标音	测试音	测试词	测试结果
65	舌尖音	鼻音/擦音	n/r	nù/rù	怒/褥	

（十八）擦音与边音

语音对序号	音位对比	目标音	测试音	测试词	测试结果
66	舌尖音	擦音/边音	r/l	ròu/lòu	肉/漏	

五、相同方式、不同部位

（十九）舌尖音与舌面音

语音对序号	音位对比	目标音	测试音	测试词	测试结果
67	擦音	舌尖音/舌面音	sh/x	shí/xí	石/席	
68	擦音	舌尖音/舌面音	s/x	sī/xī	撕/吸	
69	塞擦音	舌尖音/舌面音	z/j	zī/jī	姿/鸡	
70	塞擦音	舌尖音/舌面音	zh/j	zhī/jī	织/鸡	
71	塞擦音	舌尖音/舌面音	c/q	cì/qì	刺/汽	
72	塞擦音	舌尖音/舌面音	ch/q	chì/qì	翅/汽	

（二十）唇音与舌根音

语音对序号	音位对比	目标音	测试音	测试词	测试结果
73	塞音	唇音/舌根音	b/g	bāo/gāo	包/高	
74	擦音	唇音/舌根音	f/h	fǔ/hǔ	斧/虎	
75	塞音	唇音/舌根音	p/k	pào/kào	炮/靠	

（二十一）舌尖音与舌根音

语音对序号	音位对比	目标音	测试音	测试词	测试结果
76	擦音	舌尖音/舌根音	sh/h	shǔ/hǔ	鼠/虎	
77	擦音	舌尖音/舌根音	s/h	sū/hū	酥/呼	
78	塞音	舌尖音/舌根音	d/g	dāo/gāo	刀/高	
79	塞音	舌尖音/舌根音	t/k	tào/kào	套/靠	

（二十二）唇音与舌尖音

语音对序号	音位对比	目标音	测试音	测试词	测试结果
80	擦音	唇音/舌尖音	f/sh	fù/shù	父/树	
81	塞音	唇音/舌尖音	b/d	bāo/dāo	包/刀	
82	鼻音	唇音/舌尖音	m/n	má/ná	麻/拿	
83	擦音	唇音/舌尖音	f/s	fù/sù	父/塑	
84	塞音	唇音/舌尖音	p/t	pào/tào	炮/套	

六、卷舌音与非卷舌音

(二十三) 舌尖后音/舌尖前音

语音对序号	音位对比	音位对比	目标音	测试音	测试词	测试结果
85	擦音	舌尖后音/舌尖前音	sh/s	shì/sì	室/四	
86	塞擦音	舌尖后音/舌尖前音	zh/z	zhǐ/zǐ	纸/籽	
87	塞擦音	舌尖后音/舌尖前音	ch/c	chū/cū	出/粗	

《儿童音位对比式识别能力评估》结果分析表

语音对比词表——声母部分（孙喜斌—刘巧云词表）

擦音与无擦音		清辅音与浊辅音		送气音与不送气音		相同部位不同方式		相同方式不同部位		卷舌音与非卷舌音	
序号	得分	序号	得分	序号	得分	序号	得分	序号	得分	序号	得分
1		3		30		38		67		85	
2		4		31		39		68		86	
小计(2)		5		32		40		69		87	
		6		33		41		70		小计(3)	
		7		34		42		71			
		8		35		43		72			
		9		36		44		73			
		10		37		45		74			
		11		小计(8)		46		75			
		12				47		76			
		13				48		77			
		14				49		78			
		15				50		79			
		16				51		80			
		17				52		81			
		18				53		82			
		19				54		83			
		20				55		84			
		21				56		小计(18)			
		22				57					
		23				58				声母音位对比识别总得分____%	
		24				59					
		25				60					
		26				61					
		27				62					
		28				63					
		29				64					
		小计(27)				65					
						66					
						小计(29)					

结果分析与建议：

测试者：

测试日期：

附录5

单音节词测试记录表（1）

编号	测试内容									
	1	得分	2	得分	3	得分	4	得分	5	得分
1	马/mǎ/		盆/pén/		鸟/niǎo/		哭/kū/		房/fáng/	
2	碗/wǎn/		羊/yáng/		球/qiú/		花/huā/		伞/sǎn/	
3	摸/mō/		灯/dēng/		吃/chī/		坐/zuò/		猪/zhū/	
4	白/bái/		红/hóng/		眼/yǎn/		腿/tuǐ/		热/rè/	
5	被/bèi/		鸡/jī/		琴/qín/		蹲/dūn/		嘴/zuǐ/	
6	哨/shào/		鸭/yā/		铃/líng/		鱼/yú/		床/chuáng/	
7	狗/gǒu/		鞋/xié/		熊/xióng/		草/cǎo/		锣/luó/	

附录6

单音节词测试记录表（2）

编号	测试内容									
	1	得分	2	得分	3	得分	4	得分	5	得分
1	鼻/bí/		糖/táng/		鸡/jī/		碗/wǎn/		钉/dīng/	
2	牛/niú/		握/wò/		鞋/xié/		袜/wà/		水/shuǐ/	
3	站/zhàn/		枪/qiāng/		扔/rēng/		轮/lún/		鼓/gǔ/	
4	锣/luó/		爬/pá/		走/zǒu/		捡/jiǎn/		龙/lóng/	
5	猫/māo/		笑/xiào/		牙/yá/		跳/tiào/		摸/mō/	
6	哭/kū/		飞/fēi/		门/mén/		熊/xióng/		琴/qín/	
7	唱/chàng/		女/nǚ/		菜/cài/		三/sān/		房/fáng/	

参 考 文 献

1　孙喜斌，张蕾，刘巧云，黄昭鸣．计算机导航——听觉言语评估系统中儿童汉语言语识别词表．中国耳鼻咽喉头颈外科，2007，14（5）：244-250．

2　孙喜斌．儿童人工耳蜗植入后的听觉培建及语言学习．中国医学文摘（耳鼻咽喉科学），2007（9）：27．

3　孙喜斌，张蕾，黄昭鸣，等．儿童汉语语音识别词表语谱相似性的标准化研究．中国听力语言康复科学杂志，2006（1）：16-20．

4　孙喜斌，王琦，张蕾，等．健听人在不同本底噪声环境中的听阈值分析．中国听力语言康复科学杂志，2006（3）：16-18．

5　孙喜斌，张蕾，刘巧云．计算机导航——听觉评估系统儿童汉语语音词表测试结果分析．中国听力语言康复科学杂志，2006（4）：14-16．

6　孙喜斌，巴重惠，陈益青，等．830名0～6岁儿童在安静房间最小听觉反应值分析．中国听力语言康复科学杂志，2005，10（3）：13-15．

7　裴智，黄治物，陶泽章，等．短音诱发听性脑干反应的特性观察．听力学及言语疾病杂志，2003，11：104-106．

8　潘映福．临床诱发电位学．北京：人民卫生出版社，2000．

9　姜泗长，阎承先．现代耳鼻咽喉科学．天津：天津科学技术出版社，1996．

10　陶征，张文，宋戎．听力损失儿童的多频稳态反应测试．听力学及言语疾病杂志，2004，12：387-389．

11　宋戎，陶征，张文．多频稳态诱发电位可靠性的初步评价．中国听力语言康复科学杂志，2004（4）：14-15．

12　钟志茹，陶征，邹建华，等．单频和多频刺激的多频稳态反应比较．听力学及言语疾病杂志，2004（12）：385-386．

13　Picton TW, John MS, Dimitrijevic A, et al, Human auditory steady-statae responses. Int. Journal Audiol，2003，42：177-219.

14　John MS, Picton TW. MASTER: a windows program for recording multiple auditory steady-state responses. Comput Methods Programs Biomed，2000，61：125-150.

15　Rance G, Richards FW, Cohen LT, et al, The automated prediction of hearing thresholds in sleeping subjects using auditory steady-state evoked potentials. Ear Hear,

1995, 16: 499-507.

16　Aoyagi M, Suzuki Y, Yokota M, et al, Reliability of 80Hz amplitude-modulatation-following response detected by phase coherence. Audiology Neuro Otology, 1999, 4: 28-37.

17　Valdes JL, Perez-Abalo MC, Martin V, et al, Comparison of statistical indicators for the automatic detection of 80Hz auditory steady-state responses. Ear Hear, 1997, 18: 420-429.

18　Picton TW, Dimitrijevic A, John MS, et al, The use of phase in the detection of auditory steady-state responses. Clin Neurophysiol, 2001, 112: 1692-1711.

19　Lins OG, Picton TW, Boucher BL. Frequency-specific audiometry using steady-state responses. Ear Hear, 1996, 2: 81-96.

20　Picton TW, Dimitrijevic A, Perez-Abalo MC, et al, Estimating audiometric thresholds using auditory steady-state responses. J Am Acad Audiol, 2005. 16: 140-156.

21　Herdman AT, Stapells DR, Auditory steady-state response thresholds of adults with sensorineural hearing imparients. Inter Journal Audiol, 2003, 42: 237-248.

22　Small SA, Stapells DR. Mutiple auditory steady-state response thresholds to bone-conduction stimuli in young infants with normal hearing. Ear Hear, 2005, 27: 219-228.

23　Small SA, Hatton JL, Stapells DR. Effects of bone oscillator coupling method, placement location, and occlusion on bone-conduction auditory steady-state responses in infants. Ear Hear, 2006.

24　Richards FW, Tan LE, Cohen LT, et al, Auditory steady-state evoked potential in newborns. Br J Audiol, 1994, 28: 327-337.

25　Rance G, Dowell R C, Rickards F W. et al. Steady-state evoked potential and behavioral hearing thresholds in a group of children with absent click-evoked auditory brain stem response. Ear Hear, 1998, 19: 48-61.

26　Herdman AT, Lins O, Roon PV, et al, Intracerebral sources of human auditory steady-state responses. Brain Topograph, 2002, 15: 69-86.

27　Perez-Abalo MC, Savio G, Torres A, et al, Steady state responses to multiple amplitude-modulated tones: an optimized method to test frequency-specific thresholds in hearing-impaired children and normal-hearing subjects. Ear Hear, 2001, 22: 200-211.

28　Luts H, Desloovere C, Kumar A, et al, Objective assessment of frequency-specfic hearing thresholds in babies. Int J Pediatric Otorhinolaryngology, 2004, 68: 915-926.

29　Cone-Wesson B, Dowell RC, Tomlin D, et al, The auditory steady-state response: I comparisons with the auditory brainstem response. J Am Acad Audiol, 2002, 13: 173-187.

30　Vander Werff KR, Brown CJ, Gienapp BA, et al, Comparison of auditory steady-state response and auditory brainstem response thresholds in children. J Am Acad Audiol, 2002, 13: 227-235.

31　Small SA, Hatton J, Stapells DR. Multiple auditory steady-state response thresholds to bone-conduction stimuli in premature infants. Paper presented at The International Conference on Newborn Hearing Screening, Diagnosis, and Intervention. Como, Italy, 2004.

32　Swanepoel DW, Hugo R, Roode R. Auditory steady-state respose for children with severe to profound hearing loss. Arch Otolaryngol Head Neck Surg, 2004, 130: 531-535.

33　Picton TW, Dimitrijevic A, Perez-Abalo MC, et al, Estimating audiometric thresholds using auditory steady-state responses. J Am Acad Audiol, 2005, 16: 140-156.

34　Kuwada S, Anderson JS, Batra R, et al, Sources of the scalp-recorded amplitude-modulation following response. J Am Acad Audio, 2002, 13: 188-204.

35　Gorga MP, Neely ST, Hoover BM, et al, Determining the upper limits of stimulation for auditory steady-state response measurements. Ear Hear, 2004, 25: 302-307.

36　Small SA, Stapells DR. Artifactual responses when recording auditory steady-state responses. Ear Hear, 2004, 25: 611-623.

37　Picton TW, John MS. Avoiding electromagnetic artifacts when recording auditory steady-state responses. J Am Acad Audio, 2004, 15: 541-554.

38　Stapells DR. and Oates P. Estimation of the puretone audiogram by the auditory brainstem response: A review. Audiology and Neuro Otology, 1997, 2: 257-280.

39　Picton TW. Auditory evoked potentials. In D. D. Ddly and T. A (Ed). Current practice of clinical electroencephalography. Second Edition. Pedley. Raven Press Ltd. New York, 1990: 625-678.

40　Stapells DR. Frequency-specific evoked potential audiometry in infants. In R. C. Seewald (Ed). A sound foundation through early amplification. Basel Phonak AG, 2000: 13-31.

41　Silman S and Silverman CA. Auditory Diagnosis Principles and Applications. Academic Press Inc, 1991: 249-271.

42　Sininger YS and Cone-Wesson B. Threshold prediction using auditory brainstem response and steady-state evoked potential. In: J. Katz. ed. Handbook of Clinical Audiology. Lippincott Williams & Wilkins, 2002 5th edition.

43　Sininger YS, Abdala C, Cone-Wesson B. Auditory threshold sensitivity of the human neonate as measured by the auditory brainstem response. Hearing Research, 1997, 104: 27-38.

44　Sininger YS. Auditory brainstem response for objective measures of hearing. Ear Hear, 1993, 14: 23-30.

45　Sininger YS. Filtering and spectral characteristics of averaged auditory brain stem response and background noise in infants. J Acoust Soc, 1995, 98: 2048-2055.

46　Osterhammel PA, Rasmuson AN, Olson SO, et al, The influence of spontaneous otoacoustic emissions on the amplitude of transient-evoked emissions. Scand Audiol, 1996, 25: 187-192.

47　Prieve BA, Falter SR. COAEs and SSOAEs in adults with increased age. Ear Hear. 1995, 16: 521-528.

48　Vinck BM, De Vel E, Xu ZM, et al. Distortion product otoacoustic emissions: A normative study. Audiol, 1996, 35: 231-245.

49　Prieve BA and Fitzgerald TS, Otoacousti Emissions. In: J. Katz ed. Handbook of Clinical Audiology. Lippincott Williams & Wilkins, 2002 5th edition.

50　Starr A, Picton TW, Sininger Y, et al. Auditory neuropathy. Brain, 1996, 119: 741.

51　Rance G, Cone-Wesson B, Wuderlich J, et al. Speech perception and cortical event related potentials in children with auditory neuropathy. Ear Hear, 2002, 23: 239.

52　Shallop JK, Peterson A, Facer G W, et al. Cochlear implants in five cases of auditory neuropathy: postoperative findings and progress. Laryngoscope, 2001, 111: 555.

53　Regan D. Human brain elctrophysiology: Evoked potentials and evoked magnetic fields in science and medicine. Amsterdam Elsevier, 1989: 34-43.

54　Galambos R, Makeig S, Talmachoff P. A 40Hz auditory potential recorded from the human scalp. Proceedings of the National Academy of Science (USA), 1981. 78: 2643-2647.

55　Richards F, Clark GM. Steady-state evoked potentials to amplitude-modulated tones. Evoked potentials Ⅱ. Nodar RH, Barber C, eds. Boston, 1984: 163-168.

56　Suziki T, Kobayashi K. An evaluation of 40Hz event-related potential in young children. Audiology, 1984, 23: 599-604.

57　Maurizi M, Almadori G, Paludetti G, et al. 40Hz steady state response in newborns and children. Audiology, 1990, 29: 322-328.

58 Kuwada S, Batra R, Maher VL. Scalp potentials of normal and hearing-impaired subjects in response to sinusoidally amplitude-modulated tones. Hear Res, 1986, 21: 179－192.

59 Picton TW, Skinner CR, Champagne SC, et al. Potential evoked by the sinusoidal modulation of the amplitude or frequency of a tone. J Acoust Soc Am 1987, 82: 165－178.

60 Cohen LT, Richards FW, Clark GM. A comparison of steady-state evoked potentials to modulated tones in awake and sleeping humans. J Acoust Soc Am 1991, 90: 2467－2479.

61 Lins OG, Picton TW. Auditory steady-state responses to multiple simultaneous stimuli. Elecrtroencehalography Clin Neurophysiol, 1995, 96: 420－432.

62 John MS, Lins OG, Boucher BL, et al, Multiple auditory steady-state responses (Master): stimulus and recording parameters. Auditory, 1998, 37: 59－82.

63 John MS, Dimiterijevic A, van Roon P, et al, Multiple auditory steady-state responses to AM and FM stimuli. Audiol Neurootol, 2001, 6: 12－27.

64 Stepells DR, Linden D, Suffield JB, et al. Human steady state potentials. Ear Hearing, 1984, 5: 105－114.